愛你喔，螢火蟲

都市公園螢火蟲復育記

張文亮 著
蔡兆倫 繪

目錄 Contents

自序 都市叢林的羅賓漢與他的螢火蟲 006
前言 讓都市有夢 010
致謝 014

卷 I 螢火蟲復育記

1 找回都市生態之光 017
2 水柳樹旁有隻黃緣螢 023
3 向螢火蟲道晚安 027
4 生態友善的顏色 031
5 聆聽無聲的「光的語言」 035
6 先有了解才有保護 041

045 7 許弱勢物種一個棲地
049 8 觀察是最好的學習

卷II 日本都會區的螢火蟲文化

057 9 日本的螢火蟲文化
065 10 八王子——給昆蟲微棲地的生態城
069 11 小石川植物園——公民深度參與運營
073 12 六本木檜町公園——造園與水資源管理
079 13 椿山莊——人工流螢「螢光賞」
083 14 房總半島——海上螢火蟲

卷III 歐洲森林公園裡的螢火晚會

15 海德公園——螢火蟲慢活好所在 089
16 肯辛頓公園——「水縫紉技術」營造昆蟲棲地 093
17 薩克森豪森——樹林、活水與建築共存 099
18 慕尼黑公園——物理學家設計的都市公園典範 105
19 福森——歐盟的森林生態教育基地 111

卷IV 螢火蟲與特殊教育

20 遇到發光的小人兒 117
21 特殊學生用眼睛學習 121

22 沉默的毛地黃 127
23 給自閉症兒童的禮物 133
24 與天才兒童相遇 137
25 與失智長者相遇 141
後記 努力發光，向前飛去 147
附錄 螢火蟲復育池的營造與管理 常見問題Q&A 150

自序　都市叢林的羅賓漢與他的螢火蟲

每個時代都可能有羅賓漢出現。
否則人類社會便會少了幾許浪漫情懷。
第一位羅賓漢，出現在十三世紀英格蘭中部雪伍德森林。
他是「俠」，也是「盜」。
他認為不需要太多錢，就可以給人帶來幸福與快樂；
他提出只要保留一塊地，讓樹木生長，就可以當做護庇所；
他相信有心就可以有所作為，供給庶民生活所需，將不可能變為可能。
他朝混沌不明的遠方射出他的箭，
告訴眾人，有意義的標靶，就在那裡。

二十一世紀的臺灣，有一群羅賓漢出現，他們要在都市公園內營造小森林，讓消失已久的螢火蟲——黃緣螢可以重現。

把螢火蟲找回來，讓小孩發現都市公園的可愛，讓大人可以帶一家老少去觀賞，讓老人可以重拾過去的回憶，讓老師可以給學生第一手的體驗，讓外國遊客知道臺灣的都市公園裡有螢火蟲在發光。這怎麼可能呢？事實上，他們早已經展開行動，在臺北市的大安森林公園進行螢火蟲復育。

這本書，是我們這一群羅賓漢在都市公園復育螢火蟲的紀錄，包含這幾年所累積、發現的一些成果，以及我們想對大眾做的解說。

就像第一位森林裡的神射手羅賓漢，我們相信不需要太多錢，就能讓人們感到幸福，例如可以看到螢火蟲在繁華都市的公園裡起舞。至今，我們仍然思忖著：在都市復育螢火蟲，這是可能的嗎？不論我們所做的是成功或失敗，都期待後繼者可以在這基礎上往前走！

我們尋求一塊護庇所，尋找能為孩子射向未來的一個靶。不渴求曝光，不期待掌聲，我們又離開人群，回到森林。等待在什麼時候，什麼地方，再射出下一支箭，朝向另一個標靶。

前言 讓都市有夢

有一種人，
能夠與土壤對談，知道許多土地的故事；
能夠與水對談，明白許多水中的情節；
能夠與植物對談，了解許多植物的問題。

能夠與土壤、水、植物對談，對於環境改善很有幫助。
這種人經常忘了自己身處的年代，
以為自己是現代羅賓漢，
穿梭在都市與森林、現實與夢想之間。

有人在我的臉書留言：「為什麼你要在大安森林公園復育螢火蟲呢？」故事得從很久以前的臺北盆地說起。

臺北盆地早期是個沼澤，只有少數凱達格蘭族人在這片水域活動。到十六世紀，沼澤逐漸乾涸，外人開始進入。較著名的是一七〇九年，福建、廣東的移民共組「陳賴章墾號」，進入臺北盆地開發，在較高的地方種植番薯，較低的地方種植陸稻等作物。

盆地南端，早期漢人稱為「龍安陂」（「龍」與「籠」音似，是捕魚的網具，表示先民曾在這裡架網捕魚；「陂」是蓄水池）。龍安陂底部，多屬坋質黏土，排水不良，樹木不易生長。這是現今臺北盆地很少有超過三百年大樹的主因。臺北盆地的墾戶陳振師（1754-1820），是著名古宅「芳蘭大厝」的建造者，他曾對子孫說：「自蟾蜍山下北望，可以看到下塔塔悠（現今臺北市松山區一帶），視野沒有阻礙。」顯示當時臺北盆地少有大樹。

瑠公圳的水路與功能

早期新店溪與景美溪河道蜿蜒，大雨時期河水宣洩不通，凱達格蘭族人稱這裡為「大加蚋」，意思就是「沼澤」。一七四〇年，郭錫瑠（1705-1765）率眾自彰化北上，在新店溪與青潭溪的匯流處，築堤抬高水位，鑿築水路引水進入臺北盆地，灌溉水稻。

郭錫瑠在景美溪用木頭搭建過河的水橋（稱為「梘」），越過景美溪，送水到公館後，分支三條水路，配水到各處灌溉區。其中一條水路往六張犁山腳下輸送，稱為「第一幹線」。一條水路走臺北平原，稱為「第二幹線」。

第二幹線是三條水路中最長的，再分支出五條支線，分別是：大安支線，灌溉臺灣大學與大安森林公園附近區域；林口支線，灌溉新店溪畔到螢橋的農田；第一霧裡薛支線，灌溉龍安陂到復興北路一帶的農地。第二霧裡薛支線，灌溉龍坡里、龍泉里到中山北路附近；第三霧裡薛支線，灌溉羅斯福路二段到和平西路一段一帶。

瑠公圳的水路隨著田坵彎曲，合併沿途的古老水圳與引水泉的水路。大安支線繞過蟾蜍山時特別彎曲，水路彎曲最大的地方稱為「大彎」。「大彎」與大安同音，這是「大安區」的由來。

早期建造灌溉圳路工程，受木造材料的限制，越過景美溪的水梘(ㄐㄧㄢ)寬度約有一點五公尺，到了臺北平原，水路更窄，最後消失在農田間。由於引水量有限，先民在圳路尾端做成蓄水池，旱季時補充灌溉，例如臺大校園裡的醉月湖便是遺跡，水深約三公尺，達地下含水層。在旱季有地下水補注，雨季則做為蓄洪池，從這樣的設計可見先民的智慧。

一七六二年，郭錫瑠將部分瑠公圳改成地下暗渠，以免颱風暴雨時期容易被洪水沖毀，這也是瑠公圳後來不易以地圖標示的原因。

臺北市的排水系統

一八九五年，日本人來到臺灣，當時臺北城人口約六、七萬人，大都住在淡水河附近。日本人拆除城牆，進行都市計畫，拓寬馬路，並規畫了幾座都市公園，包括現今的大安森林公園。當時臺北城還有許多農場，生產糧食。

一九二八年，東京帝大的杉村鎮夫(1888-1936)教授前來臺北帝國大學擔任「農業土木工程講座」。他來臺灣的主要任務，是配合臺南烏山頭水庫建造，將水庫所要蓄存的水，依照農作所需水量，輸送到臺南、嘉義、雲林各地。

一九三〇年，臺北市大淹水。杉村鎮夫負責規畫臺北盆地的防洪工程，當時臺北市人口已有二十多萬人，他認為未來的人口將超過六十萬人，瑠公圳的灌溉功能將消失，排水將是主要的防災工程。一九三二年，他建造臺北市的大排水道，將瑠公圳拉直，成為排水系統的一部分，並將部分水路填塞。

大安森林公園的由來

一九四五年，臺灣光復，殘餘的瑠公圳又被填塞。一九四九年前後，大批軍隊與軍眷從中國來臺灣，在大安森林公園預定地建造眷村，之後部分土地建造國際學舍，定期舉辦書展。一九九二年，臨時性的眷村、雜亂的社區、通風不佳的巷弄，已不符合臺北的都市發展規畫，於是先是興建了成功國宅，再來就將老舊眷村與國際學舍全部拆除。當時的市長期待臺北市有一座森林公園而大量植樹，稱為大安森林公園，一九九四年三月正式啟用。理想雖好，可惜技術不足。大安森林公園表土下三十公分，大都是拆除眷村時掩埋的水泥、磚塊、塑膠袋等廢棄物，即使在公園地表種花植草、鋪設步道，但是因為深層排水不佳，樹木根系無法向下生長，樹況不佳。

二〇一三年，蘇力颱風造成大安森林公園樹木傾倒上千棵，引起外界注意，起造時掩埋建築廢棄物導致排水不良的根本問題浮上檯面。除非關園重新翻挖、遷移樹木，否則難以改善。然而，關園幾乎是不可能的選項。因此，包括我在內的一群專家，就在那時參與協助大安森林公園重建，重點工作包括樹木生長環境改善、病朽木改善，以及在公園局部重現都市早期的沼澤環境，建造螢火蟲生態池，讓早期飛翔在沼澤區的水生螢火蟲再現。

這，就是我們在大安森林公園復育螢火蟲的原因。

致謝 Acknowledgment

向一群現代羅賓漢致謝：

出資的

與政府溝通的

植物的

昆蟲的

設計的

施工的

監工的

植栽的

……

以及一群可愛的志工們

卷 I

螢火蟲復育記

Aquatica ficta

1 螢火蟲是都市生態之光

欣賞螢火蟲，可以懷舊，
在夜間看到熠熠螢光，是詩意的美。

螢火蟲藏了許多祕密知識，
有物理，有化學，有生物化學，
有電子資通學，有生態學，還有生物科技……

螢火蟲的獨特性，
是世界上許多生物不具有的。

自然界會發光的生物不多，只有螢火蟲、水母、磷蝦、螢光蕈菌，以及一些深海魚類。
生物為什麼會發光，這是非常有趣的問題。

螢火蟲所發的光是「冷光」(cold light)，這種光稱為「生物發光」(bioluminescence)。螢火蟲不像電燈泡需要高溫才發光，否則自己早就燒毀了。這種冷光，稱為「生物體光」(biological light)。生物如何發冷光，是科學界亟欲解開的奧祕。冷光發亮是一種省能裝置，要是能破解螢火蟲的發光機制，意味著能夠進一步研發省電的未來科技。

螢火蟲的發光機制

螢火蟲發光，是經由許多機制巧妙協調所產生的現象。螢火蟲沒有肺部，靠身上的「微氣管」(tracheoles)，將空氣擴散到體內腹部的發光組織，當氧氣與「螢光素」(luciferin)起反應時，便會發光。這反應會消耗一點點能量，所以螢火蟲發光時間不會太長，每天發光時間約兩三個小時，而且所發的光是閃爍的，不是持續發亮。

出於本能，螢火蟲會限定自己該發光的環境與對象，不會亂用。自然界生物雌雄之間相互吸引，常用的是性荷爾蒙，螢火蟲卻是用發光的訊號互相吸引，非常特別。

每隻螢火蟲發光的頻率以及光的變化，可能都不相同。螢火蟲發光是靠神經反應，先在體內產生氣體一氧化氮(nitric oxide，NO)，但是一氧化氮不與螢光素反應，無法產生亮光；當氧氣進入螢火蟲體內，一氧化氮迅速氧化消失，這時候螢火蟲才會發亮。

透過呼吸，螢火蟲調控氧氣與一氧化氮的轉換頻率以及發光節奏。呼吸作用是省力的吸入空氣，並不需要拼命費力。不同種類的螢火蟲，發光的顏色略有不同，有的偏黃，有的偏綠，有的偏藍。這些光是連續光譜，不是單波的光；即使是顏色相近的光，其實還是有極細微的差異。

螢火蟲的天敵不多，體內有防禦性的化學物質如類固醇，對於脊椎動物而言，牠是毒性很強的昆蟲，所以不會因為發光而成為天敵攫食的目標。蜘蛛是螢火蟲的天敵，如果螢火蟲不小心被蜘蛛攫食，大都是因為光源耗盡而掉落在蜘蛛網上。因此，復育螢火蟲時，要注意移開水域周遭的蜘蛛網。

螢火蟲需要的棲地環境

螢火蟲出現的地點，在空間分布上並不均匀。即使是同一個棲地，有些地方沒有螢火蟲，有些地方有螢火蟲群聚，這與棲地環境的細微差異有關。

螢火蟲壽命約一年，雌的比雄的壽命略長。牠們在空中飛翔的時間約五到七天。每到交配季節，牠們會分批飛到空中（不會同時），分批交配（成功率較高），分批產卵，這是生命的奇妙。

螢火蟲翅膀短，飛不遠；飛翔時，每秒鐘翅膀震動可達一百八十次以上。高速振翅飛行，大量散熱。影響螢火蟲飛翔的因素，主要是溫度與濕度。不同種類的螢火蟲，會選擇溫度適合的環境，棲息在不同的海拔高度。螢火蟲棲地需要一定的溼度，因此棲地環境裡需要有多葉的樹木，可以增加濕度，以利牠們飛翔。植物的蒸散作用，能增加空氣中的相對濕度，並減少空氣的溫度變化，對螢火蟲很有幫助。

在自然界，螢火蟲需求的不多：一段乾淨、彎曲的小溪，一些岸邊潮濕的泥土或碎石塊，一些可以擋光、遮光的植物，增加空氣的潮濕。螢火蟲需要的這些條件，成為螢火蟲復育的主要技術。

都市公園復育螢火蟲的意義

在人口稠密、大樓林立、馬路四通、車子排氣、廣告燈明亮、路燈四布的都市公園，想要營造人類與螢火蟲共享的空間，確實不容易。然而，事情總要有個開始，必須先做出一個工程實例，否則空有理想，終究難以實現。這個實例，就是臺北市大安森林公園的螢火蟲生態池。

或許有人會質疑，偌大的都市裡只有單一一個螢火蟲生態池，又有什麼用？

當然有用。一旦螢火蟲復育有成，日後的雨水會將螢火蟲的蟲卵與幼蟲，藉由都市排水，從這個生態池，傳到下方的另一個生態池。即使螢火蟲的成蟲無法飛越太遠的空間，但是排水系統卻能將卵散布到不同的水域。

在都市裡建造系列螢火蟲生態池，以排水水路相連，這是都市未來能否有螢火蟲的關鍵。若能在大安森林公園螢火蟲生態池周邊，營造螢火蟲可以棲息的「螢火蟲生態水路」，就能從一個據點串聯到更廣的區域，讓螢火蟲由點而面，成為點亮臺灣都市的生態之光。

2

水柳樹旁有隻黃緣螢

晚上九點三十分，雨後晴。
散步到大安森林公園，
站在螢火蟲復育生態池邊，
靜靜觀看。

生態池邊植物葉上水滴點點，
是雨後留下的水珠。
晶瑩的水珠反光固然好看，
卻增加我觀螢的困難。

我站著、半蹲、蹲下，
希冀從不同的角度，
在千百顆水珠的反射中，
尋找間歇性的螢光。

回到家，我在觀察筆記寫道：

「水面上十公分，水柳樹幹旁，有一隻螢火蟲。」

有一年，我帶女兒前往花蓮鯉魚潭住民宿。夜裡，我們走在附近的森林小徑觀看螢火蟲。雖然螢火蟲數量不多，但是女兒看到螢光蟲的歡笑聲，回想起來真是美好的親子回憶。我期待她長大後，仍記得夜空下的美麗螢光。

二〇一五年七月，在政府邀請下，我投入大安森林公園復育螢火蟲的工作。我期待讓都市的孩子可以看到螢火蟲，讓大人知道，與孩子一起看螢火蟲，會是家人的美好記憶，且花費不高。然而，百年來的都市發展，已將都市與野地截然二分，要讓螢火蟲重返都市並不容易。目前全世界只有極少數國家，成功的在首都營造螢火蟲棲地。

在都市公園營造螢火蟲生態池，需要結合多種學門，包括水、土壤、植物、空氣、昆蟲、景觀、工程與教育的跨領域結合，絕非個人的知識可以涵蓋，需要團隊合作。建造生態池，也不宜過度施工，以免螢火蟲的重現，過度人工化。我們謹慎的施工、低調的建造、冷靜的觀察，加上長期追踪、持續修改、與市民溝通，期待有一天，這裡能夠成為市民喜愛的場所，提供市民學習的素材，呈現高品質的都市文化。

螢火蟲是美好環境的標章

為什麼要費盡心力在都市復育螢火蟲呢？我認為這是一種價值取向。螢火蟲能為都市的黑暗留一點光，能為兒童提供自然科學教育，能讓大人記得野地之美，能提升都市空間的公共分享，同時，螢火蟲的存在，也是美好、乾淨生活環境的標章。

期待有一天，美好的居住環境，是用社區螢火蟲分布的多寡來表示；美好的建築物，是以大樓附近有螢火蟲在飛翔來凸顯；美好的生活空間，是人在戶外，能夠看到螢火蟲翩翩飛翔。這是未來城市的烏托邦嗎？不！這是今日經由共同努力就能夠造就的都市生態。為此，我與一群夥伴跨出第一步，在臺北市的大安森林公園復育螢火蟲。

臺灣的螢火蟲以黃緣螢 (*Aquatica ficta*) 的生命力最強，大安森林公園的螢火蟲生態池，一開始就是針對黃緣螢的特性與需求而營造的。本書所談的復育螢火蟲，指的就是黃緣螢。

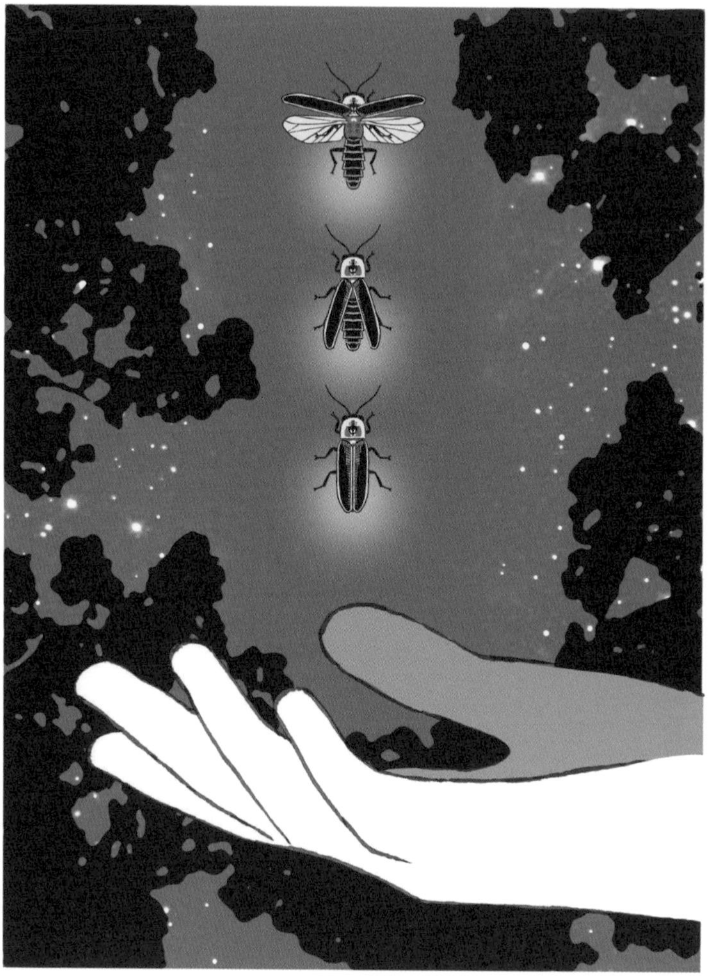

3
向螢火蟲道晚安

晚上九點三十分，天氣冷。
我披上外套，帶著雨傘，散步到大安森林公園螢火蟲生態池邊。
在黑夜中，看著螢火蟲微弱的藍光閃爍，
晚安，螢火蟲。

螢火蟲的天敵

螢火蟲的天敵包括蝙蝠、蜥蜴、水鳥、蛙類、蜘蛛、蛇類等，這些動物覓食，偶爾會吃螢火蟲。為什麼螢火蟲的天敵四伏，卻還主動發光？這不是讓自己更容易被天敵看見嗎？

人類眼中的點點螢光，是自然界的美景，但其實螢火蟲發光具有多樣目的。氧化發光的酵素會釋放臭味，臭味的濃度很低，人類聞不出來，但是天敵會聞到。一般動物認為會發出臭味的物體最好不要吃。這是螢火蟲喜歡在風速每秒小於零點一公尺時飛翔的原因。風強的時候，螢火蟲不飛翔，以免臭味被強風稀釋。因此，營造螢火蟲生態池，必須種植高度較高、枝葉茂盛的樹木，如水柳、穗花棋盤腳等，打造緩風區。

螢火蟲不是靜態發光，牠們在不同的位置，會有不同的光暗變化。有時邊爬邊發光，有時停下來發光，有時邊飛邊發光，有時貼近水面發光，有時在葉面上發光，有時在樹幹上發光，有時在地上發光。這會使得天敵因為看不準這麼多亮點而困惑：到底在前的是一隻螢火蟲，還是好幾隻螢火蟲？

螢火蟲的光也讓有些天敵害怕，例如黑夜最高明的獵手——蝙蝠。蝙蝠一個晚上可以捕食上百隻蚊子、飛蛾，卻極少吃螢火蟲，因為蝙蝠對於發亮的動物會提高警戒，可能以為那是比牠們更大更強的動物，才敢在牠們面前閃爍發光，沒想到發光的是小小的螢火蟲。

蝙蝠偶爾也會在無意間吃下螢火蟲。若蝙蝠由前方飛來，機警的螢火蟲會瞬間發出較快、較強的閃光，讓蝙蝠迅速轉向。螢火蟲飛過馬路時，也會有這種發光行為，可惜人類車子開得很快，來不及欣賞，而是直接撞上去。所以螢火蟲生態池必須離車道遠一點。

螢火蟲的朋友

很有意思的是，螢火蟲不以人類為天敵。螢火蟲看到人類群集並不害怕。牠們有時飛到人們頭上，有時停在人們手上，有時貼著人們的衣服，有時停在人們腳前。很少有野生動物與人如此親近。螢火蟲相信人類不是牠的敵人，那麼我們是否也可以不傷害牠們，做牠們的朋友？

那天晚上，我看到一隻螢火蟲停在我的褲子上。我佇立一會兒，直到螢火蟲飛走，才很滿足的走回家。晚安，我的朋友。

我是螢火蟲之友，牠們不必迎接我，也不用討好我。在這社會，我與螢火蟲一樣渺小，同樣只是在一個黑暗的角落，奮起發光。

4 生態友善的顏色

晚上十點三十分，天氣晴。

才回家，立刻換上便鞋，快步走到大安森林公園。

生態池東邊的暗角，仍有一隻螢火蟲在發光。

我靜靜的看，靜靜的思想。

螢火蟲的眼睛，由許多小單眼組成，這種結構稱為「複眼」(compound eyes)。每個單眼裡有一個感光點，由許多感光細胞組成。這些細胞感應外來的光，產生電流，藉由神經細胞，將訊號傳到大腦，螢火蟲就可以看到，這稱為「光生理反應」。營造螢火蟲生態池的技術，與螢火蟲的光生理反應有密切關係。

對螢火蟲生態友善的顏色

螢火蟲對光的顏色，敏感度不同；看得見的顏色，依序是：綠光、藍光、黃光、紅光。

螢火蟲看見的紅光強度，約為綠光強度的十分之一。

造成這現象的原因是紅光的波長較長，對複眼造成的偏光最強。螢火蟲的複眼是多角度的結構，能夠看到較寬廣的方位，有助防衛。但是紅光的偏光，會對複眼造成干擾。巧妙的是，螢火蟲的感光細胞，以「紅光目盲」(red blind) 來避開干擾。

愈暗的公園角落，愈需要照明；為了安全，公園需要有路燈。然而，太強的光照，又會驅趕螢火蟲。為了避免螢火蟲復育區成為治安死角，並且兼顧公園安全與螢火蟲棲息，對螢火蟲生態友善的路燈，必須採用紅色的燈，而且是低暗度的紅色的照明燈。民眾若是開車前往觀螢，最好是開白色、綠色、黃色的車子。因為螢火蟲看不見紅色，會在紅色、黑色車上產卵，結果卵都乾死。

為了保護螢火蟲，生態池附近的垃圾筒、樹籬、路標、解說牌等，最好用白色、綠色與黃色，螢火蟲看到會避開。白、綠、黃這幾個顏色，稱為螢火蟲「生態友善的顏色」(eco-friendly colors)。生態池周遭植栽的葉子，最好是綠色而不是紅色，會開鮮豔紅花的植物，就不適合種在螢火蟲生態池旁。

營造一座螢火蟲生態池的背後，是對螢火蟲的認識與對螢火蟲的愛護。我經常和參觀者分享這些螢火蟲需要的細膩照顧及友善保護，也經常耐心的教導人們真正認識螢火蟲。

低光度環境才能放閃

清晨的日光，光度約 400 Lux（勒克司，照度單位）；日正當中的光度，約是 120,000 Lux；中午的樹蔭下，光度約 20,000 Lux；黃昏的夕陽，光度是 40 Lux；月光的光度，約是 1 Lux。螢火蟲在愈低的光度下，視力愈佳，因此只能在夜光下閃爍。

由於太陽的方位角，每天都有些微變化，因此螢火蟲每天開始發亮的時間略有不同。螢火蟲的發光酵素有限，大約到了晚上十一點，發光酵素便不會再發光，大部分螢火蟲都去休息了。日光燈、霓虹燈會使螢火蟲不發光。一旦螢火蟲不發光，雌雄便無法交配，螢火蟲族群就消失了。所以螢火蟲生態池，還需要種低矮的灌木、草本植物以及蕨類來擋光。其實，學習夜間觀螢，有月光就夠了。晚上十一點四十五分，我回到家裡，在書房寫下觀察手記。妻子來看我：「你怎麼在黑暗中書寫？」我說：「我是螢火蟲之友，我們都很省電啦。」

5

聆聽無聲的「光的語言」

晚上八點，天氣微冷。
我知道，低溫時要看到螢火蟲，需要耐心與專心。
我等待，終於看到兩隻螢火蟲。

生態池完工數月了，
彷彿只看到巴掌大的雲，
相信未來的日子，雲朵會愈來愈大，
螢火蟲的數目會愈來愈多。

深深期待，不是只在這裡，
而是更多地方，都有螢火蟲來點亮都市的光。

我們可以從許多不同的角度來觀賞螢火蟲。例如注意螢火蟲光閃爍的頻率。一八三六年，摩斯（Samuel Morse,1791-1872）發表「摩斯電碼」（Morse Code），他將電波轉成聲音，以聲音的快、慢、暫停，來表達意思，這是「電報」的由來。

在古老的年代，螢火蟲就會用光暗閃爍，傳遞信息。即使最新的科技，也無法用很短的時間，像螢火蟲般傳遞意涵豐富的訊號。

一閃一閃傳遞訊息

每一隻螢火蟲的生命裡，都擁有一本類似「摩斯電碼」的說明書。雄螢火蟲閃出去的「亮、暗、亮亮暗、亮暗……」，雌螢火蟲會知道這是什麼意思。牠回應的閃光，雄螢火蟲也看得懂。然後牠們一起以相同的頻率，互相發亮。信號要同步，才能有溝通。人類看到螢火蟲閃爍，不明白代表的意思，因為我們沒有螢火蟲那本發光密碼。

螢火蟲的成蟲一出水面，雌螢火蟲就往黑暗裡移動，雄螢火蟲也飛往黑暗的地方。螢火蟲在黑暗中，才能有效率的打光，看清楚對方傳過來的光。雌、雄螢火蟲都需要在黑暗中等待，才有機會看到光。

螢火蟲打光非常快，亮度有強有弱，中間又有不同的停滯時間，這在光學上稱為「位相延遲」(phase delay)，如同句子之間加逗點，是有意義的暫停。螢火蟲打光的顏色變化並不易分辨。人類觀察螢火蟲的光已經幾千年了，迄今還是無法了解螢火蟲的打光密碼，只能猜測螢火蟲光閃爍的時間很短，認為牠們給出的信息是單純的，不會拐彎抹角。事實上，螢火蟲發光的明暗變化很大，表示螢火蟲給出的信息既濃縮又有內容。

我們以為螢火蟲閃爍發光很美麗，螢火蟲也教導我們：美麗是有內容的，沒有內容的美麗是空洞。觀看螢火蟲，不僅有多樣的觀察角度，而且能獲得豐富的內容與深刻的體會。

第一位發現螢火蟲發光求偶的科學家

科學史上第一位發現螢火蟲以發光求偶的人，是科學家麥克德莫特(Frank Alexander McDermott,1885-1966)。他從小喜歡生物學，一九一〇年，就讀美國匹茲堡大學二年級時，課餘經常到野外，以日記方式記錄螢火蟲發光強弱與頻率。他發現雄螢火蟲發光後，雌螢火蟲會配合雄螢火蟲的發光韻律，互相溝通。

他首先提出螢火蟲發光是有意識的行為，這個發現，開啟了「昆蟲符號系統分類學」

(semi-systematics of insects)。這門學問後來發展出不同用途，例如戰場上敵友雙方的判別技術。

麥克德莫特於一九一四年取得化學系碩士學位，到杜邦公司工作。他負責工業酒精合成，後來升任杜邦公司化學實驗室主任。一九四〇年，他發表許多研究成果，取得多項專專利，獲得國際獎項。一九四八年，他偶然到一所小學演講。有個學生問他，螢火蟲發光，有什麼意義？他忽然想到學生時代對螢火蟲的研究熱忱。演講結束後不久，他就著手成立了「螢火蟲工作室」，專門研究螢火蟲。他提出：「在古老的年代，螢火蟲已在發光。探索螢火蟲發光的意義，不只是科學，也是教育的啟發。我愈深入研究，愈體會螢火蟲的語言，是有邏輯與系統的表達。」

同一品種才能放閃溝通

一九五一年，麥克德莫特辭去工作，以研究螢火蟲為職志。他到世界各地觀察螢火蟲，一生鑑定了二十餘種新品種螢火蟲，他指出：「螢火蟲的語言是與生俱有，不需要學習。同品種的螢火蟲才有相同的語言，可以避免不同品種雜交。」一九六四年，他列出世界上約兩千種螢火蟲的發光頻率，結論是「每一種都不同」。

他說：「若有人問我，了解螢火蟲的發光與其韻律，有什麼作用？我不知道。有一次我在野外數算螢火蟲的隻數，一英畝土地上，竟然約有十六萬隻螢火蟲出現。這麼大量的螢火蟲在一個地方群聚，一定有意義。我數算的只是一部分，還有一部分是未發亮的。這麼多的螢火蟲，又分布在世界不同地區，每年定期出現。螢火蟲的存在，至少證明牠們能利用有限的資源，獲得綿綿繁衍的祝福。」

「螢火蟲的溝通並非一成不變。溫度較低時，螢火蟲的光停頓的時間較久。雄、雌螢火蟲，能判讀雙方在不同氣溫，放出的光所代表的意義。」他還寫道：「螢火蟲的雄雌比率是一比一，這是何等奇妙。螢火蟲用光的閃爍，就可以代代延續，這也在提醒人，語言表達，不一定要有聲音才有意義。我也體會，不要以為黑暗就看不見，黑暗可使人專心，使人平靜。當我在黑暗中，無法注意自己時，竟是看見光的最好時刻。」

Field Book of
Ponds and
Streams
An Introduction to the
Life of Fresh Water
By Ann Haven Morgan

6 先有了解才有保護

螢火蟲觀察解說時，群眾中有一位視障者。

我趨前與他握手，向他道歉：

「我不知該如何對視障朋友講解螢火蟲的光？」

他微笑：

「老師，你講得很好。你講得愈多，我腦中的螢火蟲形象愈清晰，彷佛看見螢火蟲發的光也愈美。」

我長期在大學教「濕地生態與工程」這門課，我用摩根（Ann Haven Morgar,1882-1966）所著的《池塘與溪流的現地手冊》（*Field book of ponds and streams: an introduction to the life of fresh water*）做為輔助教材。

我在美國求學時期就讀了這本書。這位世界著名的水生昆蟲學者教導我三件事：

第一，不要用市場價格去衡量一隻昆蟲的價值，應該以對昆蟲生命所具有的知識來看待其價值。她在手冊中寫道：「平凡的昆蟲，有不平凡的生命。」

第二，經由昆蟲學，學習「閱讀地景」(Landscape Reading)。由一隻水生昆蟲，去認識周遭的大自然；再由大自然的變化，回來認識一隻水生昆蟲。

第三，無論知識如何豐厚，永遠保持謙卑。不管有多少知識，人不要去扮演上帝的角色。她寫道：「我們是大自然的發現者，不是大自然的創造者。我可以知道水生昆蟲如何孵化，但是永遠答不出為什麼如此孵化？」

人類應學習與昆蟲相處

一九〇六年，摩根在康乃爾大學取得昆蟲學博士，而後在麻薩諸塞州的曼荷蓮學院(Mount Holyoke College)擔任動物學教授四十多年。這期間她培育了許多昆蟲學者。她喜愛水生昆蟲，到處調查，與人分享；不計名利，默默的做。她認真、低調，是近代保護池塘、湖泊、野溪的先鋒。

她教育許多不同領域的民眾，她說：「教育者的滿足，是走出學校，面對各樣的人，分享他們感興趣的知識。」她經常教導人：「人類若沒有學習與昆蟲相處，未來將更孤獨。」

一九四七年，她加入「艾薩克・華爾頓聯盟」(Izaak Walton League)，這是近代從事保護濕地非常有力的民間組織。她在晚年寫道：「先有了解，才有保護。」這句話也是我從事螢火蟲復育工作的座右銘。

7 許弱勢物種一個棲地

晚上七點，天氣晴。
走到大安森林公園，
在一個小時內看到近十隻螢火蟲。

觀螢的人很多，
一個小女孩說：「這是第一次看到螢火蟲耶。」
聲音甜美，帶著喜悅。

不久，來了十幾位電動輪椅族，
看到螢火蟲就互相分享，
認真問了許多問題。

孩子們和輪椅族朋友看到螢火蟲的驚喜與歡呼，
讓我覺得這生態池的營造很值得！

許多人問我：「在都市公園，怎樣營造螢火蟲生態池才算『成功』？」我常想這個問題。我不喜歡「成功」這個名詞，好像眷顧螢火蟲，就是為了成功達成目標，這使得螢火蟲成了追求成功的圖騰。我深知在都市環境裡，無論怎麼做，永遠不可能讓螢火蟲像在野地一般生活。在公園復育螢火蟲，不是讓牠們成為都市櫥窗裡的活標本，更不是讓復育螢火蟲的工作像短暫的流行，不久就歸於暗淡。

在都市公園營造螢火蟲生態池的核心價值，不是要將螢火蟲在都市消失的問題擴大，而是將都市的問題縮小。不是要使都市公園的公共用地減少，而是要讓公園的功效增加。不是要取代人們到野外看螢火蟲，而是期待人們對螢火蟲更加喜愛與了解。

螢火蟲棲地的維護

我跟這群求知欲強的電動輪椅族分享：生態池的營造與維護，至少需要五個面向的努力。

- 需要三年以上的觀察，生態池的環境確實合適螢火蟲，螢火蟲族群才可能穩定存活、繁衍。
- 需要做好環境維護與管理，包括水的供應、水質保護、水流流暢。需要植物生長，並在植物生長過度茂盛時加以疏伐、植物太稀疏時進行補植，還需要定期做底泥防漏、垃圾清除。此外還有夜間光源管理、滯風效果的維持、蚊蟲管理、暴雨或颱風後的維護，以及生態池周遭緩衝區的維護。

- 需要持續研究、調查、討論，做為生態池管理微調的依據。
- 需要讓有心參與、熱心分享的民眾組成義工隊，並定期為志工增能、持續分享成果、舉辦展覽等等，讓志工未來能夠接手管理。
- 需要進行教育工作，讓所做的，成為人們內心的價值選項。

復育的出發點是愛

我相信，都市公園螢火蟲的復育，不是一時的熱心，而是為了長遠的價值。螢火蟲復育技術背後，是正確的科學知識，而不是一廂情願。有著關懷弱勢生物的理念，而不是隨意建言。是單純的愛，而不是世俗流行的隨意批評。我相信，愛可以拉近人與螢火蟲的距離，將可以拉近人對土地關懷的距離。拉近人接近美好大自然的距離，也將拉近人與人的距離。

每一隻螢火蟲，都如同一個美麗的禮物，值得我們長久等待，值得我們站在生態池邊耐心觀察，值得我們以童真的眼光珍重對待。螢火蟲的存在，為我們帶來啟發與富足。

8

觀察是最好的學習

晚上七點十五分，天氣晴。

大安森林公園螢火蟲生態池畔小徑上，

約有二十幾位民眾，

有的往草溝找，有的往野薑花的葉縫瞧，有的往水柳樹的枝葉看，

先看到的人就會告訴旁邊的人：「那邊有一隻。」

然後，幾個人就圍過來。

又有人說：「那邊也有一隻。」

於是，又有幾個人往那邊移動。

小小的螢火蟲生態池成為眾人分享的舞臺。

我看到六隻螢火蟲，

更看到人們臉上的笑容。

夜間追蹤觀察螢火蟲是很有趣的事。不管有多少螢火蟲，只看一隻，就可以認識螢火蟲的飛翔與閃爍行為。例如，螢火蟲發光會損耗能量，因此，追踪一隻螢火蟲的發光時間（大約四十五至七十分鐘），是另類的觀察。

螢火蟲飛翔所耗的氧氣愈多，所發的光愈亮；飛得愈快，所發的光也愈亮。螢火蟲的飛翔速度，每秒可快達二點五至三公尺，對一隻體長小於一公分，翅膀很短的螢火蟲來說，要飛這麼快實在不容易。

觀螢是向生態環境學習

近代研究螢火蟲最著名的科學家，是美國佛羅里達州立大學的賴利 (James Lloyd) 教授。一九九三年，他推動學生觀察螢火蟲活動，出版《螢火蟲陪伴通訊》(*Fireflyer Companion & Letter*)，向大眾長期免費提供關於螢火蟲的科學新知，而被稱為「螢火蟲教授」(Firefly Professor)。他提出：「地球上有這麼多種螢火蟲存在，一定有其價值，值得我們去認識，發現其意義。也可以讓孩子認識生態的價值與大自然的奇妙。」

賴利長期研究螢火蟲飛行，他寫道：「雄螢火蟲飛行，一般是平行地面，等速飛行。牠們飛到棲地邊界會折回，也會依風速調整快慢。有時會利用風向，上下起伏。牠們忽明忽滅，使我無法知道螢火蟲一天可以飛多遠，即使我用夜間攝影機長期追蹤，也無法查知。」

這是實驗失敗嗎？不，他很樂意分享無法突破的瓶頸，讓後來的人從他所知的疆界，再擴大探索。他寫道：「當你學習夜間觀察，所得的將比看書要來得多。一旦你體會夜間觀察的樂趣，就會知道，無論日夜，各處充滿有趣的事，不斷發生。若有一天，你感到疲憊，可以到野外走走，看看螢火蟲，定能讓你振奮起來。」

螢火蟲的一生

螢火蟲的一生，有四個階段。

- 卵的階段：約三到四個星期，卵才孵化成幼蟲。
- 幼蟲階段：約一年，甚至超過一年。幼蟲是肉食性，以螺類、蝸牛、紅蟲、蛞蝓等為主食。
- 蛹的階段：這時螢火蟲鑽入底泥約兩個星期，等待化育成蟲。這個階段，牠們的型態與生理變化最大，而後沿著水生植物的莖葉爬出水面。
- 成蟲階段：螢火蟲飛出水面，雄蟲放光，吸引接近地面的雌蟲。

生態池須配合生命史

螢火蟲的成蟲吃什麼？迄今仍是科學上的謎。牠們可能吃露水、花粉與花蜜，甚至什麼都不吃。牠們的胃構造簡單，幾乎沒有什麼胃酸，主要靠幼蟲階段所吃的食物，供給成蟲階段飛翔所需的能源。螢火蟲生態池的營造，要配合螢火蟲的生命史，這是最難的部分。

螢火蟲經常將卵產在水邊的苔鮮上、淺水處，或在挺水性植物的水下產卵，這樣可以減少卵被魚類攝食，增加卵孵化存活的機會。為此，螢火蟲生態池的周邊，採多邊形彎曲，讓水岸多樣化，可以生長多樣的水生植物，裸露處可以長苔鮮。水域放置樹皮粗糙的樹幹，可供螢火蟲在上面產卵。

生態池水深約五到二十公分，可以避免大型魚類進入，也有助空氣擴散進入水中，提供螢火蟲的蟲卵與幼蟲所需的氧氣。

螢火蟲生態池，主要是配合幼蟲階段設計，因這個階段時間最長，也是螢火蟲死亡率較高的時期。幼蟲主要的食物是川蜷(ㄑㄩㄢˊ)、石田螺、塔蜷與瘤蜷(ㄑㄩㄢˊ)。這四種螺類大都生活在十六至二十五℃的水溫、有水流動的水域，每天需要十二至十六小時的全日照。

在小生態池復育螢火蟲，光照問題一直是難以克服的瓶頸。螢火蟲的幼蟲需要緩流速、低光照的水域，但是所吃的螺類卻需要快流速、高光照的水域。要在一個地區，維持兩種截然不同亮度的環境，一種給螢火蟲，另一種給螺類，非常不易，這也是許多螢火蟲復育案例失敗的原因。

若是大自然中的水域面積較大，或是河川與生態池共存的地方，上述攝食者與被攝食者所需要的兩種環境，比較容易同時存在。一個小生態池面積不夠大，就有困難。但能擁有多少面積營造生態池，需要政府支持。政府支持與否，又受到許多因素左右，有些因素超乎科學範圍。如果無法營造攝食者與被攝食者所需要的兩種環境，則我們所做的種種努力，反而可能是為我們喜愛的螢火蟲製造死亡陷阱，而非復育。因此，我們用狹長的草溝來讓水流流速增加，有陸島或浮島讓水域平靜，有些區域則讓陽光直晒水面。

螢火蟲幼蟲的成長期，需經過四到六次脫殼。鈣是螢火蟲外殼的必需成分，若水中含鈣量要高，則酸鹼值要保持在七．五以上。這正是酸雨嚴重的都市，不容易培育螢火蟲的原因。此外，除草劑對螢火蟲的幼蟲有極高的毒性，所以生態池周邊一定要有緩衝草帶，隔離除草劑。

此外，自來水中的氯含量，對螢火蟲幼蟲毒害很大。生態池的水，要以雨水或地下水為主，水量不夠的話，需要用馬達抽水，循環使用。螢火蟲幼蟲需要氧氣進行呼吸作用，水中溶解的氧氣需要超過 4.5mg/l，若是不夠，需要曝氣。此外，棲地的底泥必須富含有機質，才會有附生性藻類生長，提供螺類所需的食物。

這些綜合條件，必須一一落實；生態池建造之後，還需持續監測，進行調整。這樣才會復育螢火蟲。只是挖個生態池沒有用。

我到大安森林公園螢火蟲生態池邊，不是只觀察螢火蟲有幾隻，也觀看環境的合適性。我知道技術的瓶頸，但是技術可以持續進步與改善，帶著盼望往前，好讓後來的人，可以在一定的基礎上，做得更好。

卷II

日本都會區的螢火蟲文化

9 日本的螢火蟲文化

晚上七點四十五分，天氣晴。

我來到大安森林公園螢火蟲生態池旁，觀螢的人群，有四十多個大人與小孩，包括兩位日本老師，帶六個日本兒童看螢火蟲。

日本擁有最悠久的保護螢火蟲文化，卻在這裡學習，而我們才剛起步。

早年，稻田、池邊、溪畔、樹林邊緣……，處處都有螢火蟲出沒；或在住家旁的小路穿梭飛舞，或停在植物上一閃一閃。那是令人難忘的美好景象。原來，美好的環境讓人與螢火蟲有相遇的機會；保護環境，也是維繫人與螢火蟲共存共榮。

保護螢火蟲的理想，最早是與水稻田的耕種聯結在一起。水稻田是個幫助螢火蟲生長的生態系統，水陸交錯、灌溉渠道、排水溝渠、池塘、土堤、竹林、防風林、草地等多樣的生態空間，為螢火蟲提供了多樣的選擇。

螢火蟲的幼蟲是肉食性，攝食水田的田螺、水蛭等，能促進水質乾淨，可說是農夫的好朋友。幼蟲成長後，在底泥化蛹。出蛹後的螢火蟲，藉由水稻桿爬離水面，飛翔交配、產卵，一代又一代，與水稻田為伍。飛臨農家的螢火蟲愈多，代表周遭的水稻田水足、土肥，生態環境好。

一九七〇年代，世界各地的水稻田開始廣泛施用農藥，造成大量螢火蟲中毒死亡。一九八〇年代，農田灌溉的水質受到工業、都市污水的汙染，殘存的螢火蟲再遭浩劫。一九九〇年代，都市面積擴張，吞噬周遭農地，溪流加蓋，池塘被掩埋廢土，水田變建地，再度剝奪殘存的螢火蟲生存的空間，許多地區已不見螢火蟲的蹤跡。

環境管理奠基者——熊沢蕃山

日本是少數例外，螢火蟲生態沒有遭受破壞，這是江戶初期著名教育學家熊沢蕃山（1619-

1691）的貢獻。他從一六五一年開始教育日本農民保護水稻田環境、照顧螢火蟲。後來，螢火蟲成為日本傳統文化元素。

日本人刻苦耐勞，認真做事，順服尊長。熊沢蕃山認為，這容易被人利用，淪為好戰主義的工具。他教導農人要好好種田，不要依附權勢，要多接近大自然，向弱小的螢火蟲學習。他的看法挑戰當時的德川幕府，因而長期被官方通緝，隱居山林，給自己取名「蕃山」，表示隱居在不知名的地方。

熊沢蕃山經常旅行，教育庶民的工作，走到哪裡就做到哪裡。他教導人民依不同的山地高度種植柳杉、扁柏與松樹。他提出：「植物保護土壤，是減少洪水的最好方法。知道保護植物，才能夠減少洪水，百姓的收成就穩定。」

一六六八年、一六六九年間，日本連年多處發生洪害。熊沢蕃山到各處教導災民在河邊建造「分洪道」。洪水過後，他又教人建造「滯洪池」，將洪水改成灌溉池塘。他寫道：「分洪灌溉，糧食無缺；民生樂利，治理穩定。」成為近代日本環境管理的奠基者。

熊沢蕃山說：「山、川是國家的資產，若是只會伐木取柴，不會護山植林，河川將呈淺渫，國家會逐漸貧瘠。過去百年亂世，經濟維持只在搶奪資源，以致山上不藏大樹，河川日漸淤塞。國家日後百年真正的財富，在綠山豐水。」他的理念深深影響日本文化，以綠山豐水為美。

熊沢蕃山又說：「當洪水來臨時，最窮的農夫的田地可以得到保護，才是優良的社會制度。政治管理者要像學校的好老師，善於教導百姓生活的技能與生命的藝術。日本必須要有這種品質的生活，而且持續，才能成為一個聰明的國家。」受他的影響，日本人視水稻田的生態之美，為生活品質的象徵。隨著優質水稻田增加，螢火蟲的數目與種類自然而然也增加了。漸漸的，螢火蟲出現在日本的傳統文化、文學詩歌、童謠繪畫中。

二次世界大戰期間，日本農地遭受嚴重破壞，螢火蟲劇減。一九六〇年代，日本政府與民間重啟螢火蟲保護運動。有螢火蟲，代表環境乾淨；保護螢火蟲，等於保護了環境。

訂定螢火蟲節

一九七〇年，日本的螢火蟲保護運動開始把焦點轉移到都市。做法包括發展「都市螢火蟲地圖」，鼓勵都市居民，不論季節，只要看到螢火蟲，就打電話到地圖繪製中心標記地點，並告知螢火蟲是出現在水面還是灌木叢或樹上。這可以促使都市人關注螢火蟲，也可以避免過多人前往少數螢火蟲棲地觀賞、破壞棲地。

一九八〇年代，日本在都市建立「螢火蟲安全區」，用低光照、較密的植栽、禁鋪柏油路防止油汙流入等管理手段，讓都市內保留螢火蟲生長、繁殖的安全區，同時也保留落葉、腐木，供螢火蟲的食物——蝸牛、螺類等棲息。

一九九〇年代，日本推動讓乾淨的河川流往都市，讓更多螢火蟲能安全進出都市。隨著水流分布，螢火蟲可以散布到都市各個角落。其中以北九州市與高松市最為著名，還特別訂定「螢火蟲節」，以螢火蟲形塑都市文化特色。

保育技術獨步全球

日本人在都市裡建造「螢火蟲水路」，設計蜿蜒的水路，保留泥灘、沙洲，栽種挺水性水生植物，讓螢火蟲繁殖。珍惜螢火蟲是民間共識，使得日本螢火蟲保育的技術，一直獨步全球。

二〇〇〇年代，日本保護螢火蟲的活動，進一步與兒童教育結合，用螢火蟲編撰教材，用螢火蟲的閃光頻率編寫數學題目，讓學童親近螢火蟲。

螢火蟲也成為照顧偏遠地區兒童與受虐兒童的標章。許多孩子在暗處被人忽略，需要有人去照亮、去關懷。同時，市場上的有機生產標章、電力公司的省電招牌，也用螢火蟲為標章。螢火蟲不只是人與大自然和平共處的象徵，也具消費市場的潛在價值。

螢火蟲社區

二〇一〇年代，日本又興起「螢火蟲社區」，核心概念是建築環境可讓空氣流動，不干擾螢火蟲飛翔；建築周邊有綠廊，減低對螢火蟲的光害；大樓熱氣排放，不會破壞螢火蟲棲地的微氣候；大樓周邊的公園、草坪、池子與水路，能成為螢火蟲飛翔的廊道。「螢火蟲社區」代表都市生態的落實。

每個國家都有值得學習之處。我曾經到日本學習保護螢火蟲的技術，然而學技術容易，管理方式也能仿傚，背後的文化卻不易在短時間建立。我知道我們要學習熊沢蕃山的精神，多與民眾溝通，一步一步的走出保護螢火蟲的路。

螢火蟲，在黑夜中熠熠發亮的閃光，不只引人注目，也提醒我們，近代科技的穹蒼之下，汙染霾害的幽暗之中，是否，還有愛的餘光？

10 八王子——給昆蟲微棲地的生態城

夜裡，我在南淺川町，
幾隻螢火蟲在草地上飛翔。
這裡是東京都最受歡迎的觀螢勝地之一。

為了營造螢火蟲生態池，我經常出國學習。

八王子市位於東京都的東北，淺川在這裡流過。淺川的發源地，是海拔四九〇公尺的高尾山，山勢雖然不高，但是可以將關東平原一覽無遺。早期，這裡是扼守東京的制高點。日本戰國時期，北條氏照（1540-1590）為了爭取戰略高地，在這裡建造八王子城。

北條氏照是戰國時期猛將，曾與武田信玄多次對戰。一五九〇年，豐臣秀吉與德川家康的聯軍圍攻八王子，守城的北條氏照與上千名守軍最後全部戰死。戰後城牆拆去，住家全毀，滅城的陰影使得這裡成為最窮的地方。有些流浪農人前來經營農莊，卻經常遭受山賊攻擊。日本著名武士電影《七武士》，就是描述日本戰國末期的紛亂。

長期以來，日本「農夫」幾乎是「農奴」的代名詞。他們沒有受什麼教育，沒有職業選擇權，沒有自己的財產，沒有選擇作物的自由，沒有販售貿易的管道。農民的生活與農地綁在一起，耕作要付出重稅，荒年、旱災、水災、蟲咬的損失也要概括承受。有些農夫不想一生被土地耕作契約綁住，於是成為流動人口，輾轉於鄉村之外，在森林邊緣開墾新地，取山泉灌溉，又必須組織防衛，以防山賊或流浪武士打家劫舍。這些因素使得許多日本人寧可離鄉謀生，而不願意務農。

明治維新初期，大力改革農村，鄉村設立學校，提高農民教育水平；設立衛生所，保障農民健康；讓農民自組「農業組合」，參與市場經濟，與公司共享利潤；讓農民成自由自耕農，可以轉換職業。八王子因為距離東京都只有一小時的車程，人口漸增。

大量種樹，供給昆蟲微棲地

一九九〇年代，居民自發性達成共識，要將八王子市發展成極具特色的生態都市。無論公園或民間造園，都儘可能讓野生動物可以前來，讓牠們可以在街道、公園、森林之間出入。八王子市果然成為日本非常著名的生態保護區。

八王子市栽種大約四十八萬棵樹，綠覆率超過六〇%。這裡的樹木，不強調樹型之美，而是以樹木聯接空間，創造連續性；庭院、建築與植物，都是幫助昆蟲棲息的微棲地，保護自然生態環境的用心可見一斑。市郊的高尾山，也成為日本最受歡迎的爬山、健行、賞鳥、賞花的地方。八王子市確實是將大自然資源轉化為社會資本的典範。

我造訪八王子市，來到南淺川町，享受了一頓在地風味餐。晚餐後，漫步在田間小路，用很有限的日語與在地老婦人聊天。螢火蟲自南淺川飛來，我靜靜觀看，感覺竟比方才吃的風味餐更為享受。

我學到什麼？讓都市多種樹木，形成空間聯結，是生物遷移必需的廊道。

11 小石川植物園——公民深度參與營運

我買了門票想早點入園，
卻必須與遊客排成一列，好讓守門員清點人數。
她一邊算，一邊在每人左肩大力拍一下。
手勁之大，差點把我拍倒在地。
難道她是傳說中的女忍者？
不，她是「小石川植物園後援會」有力的志工。

德川幕府時期（1600-1868），十五位將軍大都是平庸之輩，受後人景仰的是第八代將軍德川吉宗（1684-1751）。他的母親出身貧窮農家，所以他懂得體恤底層的民生疾苦，經常探訪民間。一七一六年他成為幕府將軍，依然關心弱勢，常微服出巡探查民瘼；他若正式出行，也在路上接受百姓陳情，親自辦理。

小石川植物園的由來

當時德川幕府存在已逾百年，管理廢弛。各地藩主生活奢華，轄下的武士搜刮百姓所得，商家屯積糧食、抬高物價，黑道開設賭場與風化院、販賣毒品，形成治理者、商家、黑道聯合欺壓百姓。德川吉宗在民間蒐集證據，除暴安良，平穩物價，聘請正直的人任職，改善亂象。他除惡務盡，鐵腕改革，被稱為「暴坊將軍」。

德川吉宗重視水利，引水灌溉，開闢農田。他請工匠建造了日本最早的水庫，蓄水引用，稱為「田堰」；又挖土築池，收集地面排水，沉澱後可再利用，稱為「龜池」。他還開風氣之先，設立小石川草藥種植園區，免費供藥，並在小石川設立醫療所，聘請醫生服務底層窮苦人民。

日本知名導演黑澤明在一九六五年曾拍攝一部電影《紅鬍子》，主角是主持「小石川醫療所」的俠義醫生「紅鬍子」（改編自日本文學家山本周五郎的原著小說），故事背景便是德川宗吉設立的小石川醫療所。

古老植物園成為螢火蟲棲地

迄今，小石川植物園是日本最古老的植物園之一，面積約十六公頃。海拔約二十四公尺，溫度較冷，是種植藥草的地方。依地型分區，有平地、臺地、斜坡，還有一連串的水池。

一八七六年，東京帝國大學成立，小石川植物園被劃歸東京帝國大學，成為理學院附屬植物園。後來園內員工逐漸減少，只剩六人，影響營運；東京居民決定幫助小石川植物園經營，在一九七九年組成「小石川植物園後援會」。後援會成員包括喜愛植物的人、關心自然教育的人，以及業餘植物研究員，他們定期邀請東京大學教師授課。如今，他們成為植物園的管理主力，那位拍我的女士就是其中一位。

小石川植物園裡有許多著名的櫻花品種，當然也是螢火蟲棲息的棲地。

12 六本木檜町公園——造園與水資源管理

庭園設計與美學，
是日本文化重要的一環。
造園不僅需要花草樹木、小橋流水、池塘與樹影，
還需要高超的水利工程。

在都市公園裡營造螢火蟲復育池，水利工程是關鍵基礎。日本六本木的檜町公園，就是造園藝術與水利工程結合的傑作。

日本庭園營造歷史久遠，早在十一世紀就有「造園家」，例如橘俊綱（1028~1094），他認為最理想的庭園，能夠承受最多的自然風。他將庭院建築採對野外半開放，無牆阻隔。鎌倉幕府時期，造園家藤原定家（1162~1241）提倡栽種名木名花，他的庭園設計不僅重視自然，也

兼含自然遠景的托襯，以有限的庭園空間營造無限的想像感。

明治維新之後，造園家輩出。小川治兵衛（1860~1933）重視庭院幾何造型與樹木搭配；飯田十基（1890~1977）重視庭院細流，或水路蜿蜒；重森三玲（1896~1975）重視藝術石材、竹牆的圍繞。荒木芳邦（1921~1997）重視建築樓層有大樹植群與庭院景觀的共築。

歷史悠久的造園藝術當然也影響了公共空間，古典庭園與超高樓混合組成特殊的公園，以東京六本木的檜町公園為代表。

造園需要水利工程

檜町公園前身，是江戶初期德川重臣松平賴重（1622~1695）的庭園，面積約一點四公頃，以檜木搭建小屋，屋前有「清水」小池，岸邊栽植垂柳、山櫻花樹與楓樹，水岸映出四季變換、美麗繽紛的顏色。松平賴重建造了許多庭園，以「一步一景，一季一色」使庭園建造精緻化，後來隨著東京都市發展，許多公園都改成建地，檜町公園是其中僅存的一座。

松平賴重最著名的貢獻，是一六四四年在多摩川的武藏野高臺，設置河川攔水堰，引水進入東京，並建造十幾座水池，讓水沉澱淨化，而後在地下埋設竹管，引水到各處供應飲用水，這是日本最早的地下供水系統。檜町公園的清水池，就是為了紀念他引進乾淨水源的貢獻，也呈現日本庭園營造的背後，有很好的水利工程。

清水池池中有積石，積石上有流水。坐在池前小屋的榻榻米上，彷彿聆聽水、石、樹木的三重奏，有時聽到水與石的共鳴，有時感到石與樹的對吟，有時是樹與水的合譜。原來，清水造景有如此效果。

公園附近的六本木高樓櫛比鱗次，在樹間林梢若隱若現，看來並不突兀。在繁華都會裡，保留了這麼一座古老庭園做為公共空間，融入社區，不僅增加都市綠地，也在塵囂中置入了寧靜的一角。我逐漸體會日本庭園之美的神髓，在於營造「寧靜」。

水利工程的微觀與宏觀

當時日本有一位傑出的水利工程師名叫大畑才藏，他精通數學演算，精確設計有美感的水池；他用竹子做為測量的水準儀，來精準水流流動的落差與坡降。他利用地面排水的水路走向，將大面積的土地分成不同坵塊，有些坵塊較高給人居住，有些較低作農田，引河川水流灌溉農田，水量不夠之處就做為水池，蓄水補充水量。他在任何地方設計水池，都是從大面積的區域宏觀判斷，而非單由一個水池去做設計。他喜歡用地下輸水做為水池的水源，方法是在黏土層地帶向下挖道，鋪上礫石或粗砂，做出人工地下輸水流道，又在水池上方蓄水，以較高的落差形成小型瀑布，流入水池。以瀑布之音，營造水域的聲境，成為日本水池的特徵，不只有情境優美，音境也宜人。

這樣的設計自然會增加營造的難度，他卻堅持：「在一個小處精心的營造，會給整體全新的感覺。」他每從事一個設計，就記錄所有細節，便於日後資料完整傳遞，這使他的工程進行，即使是微不足道之處，也幾乎成為歷史資料的傳承，更重要的是能讓後人明白他之所以這麼做，背後的思考是什麼。

他寫道：「將過去做法與現今的聯結仔細寫下，愈是詳細記錄，愈能給後人啟發。」無論工作多忙，他都不忘教育助手，分享他如此做的原因。以嚴謹的工作態度取代命令，以分享的方式潛移默化，他稱為「邊學邊用的工作」。大畑才藏將這種「注意細節」的工作態度，轉換為生活習慣，進而提升當時的習俗。他不只是水池的營造者，更是提升文化的實踐者，他的影響力遠遠超過聘任他的藩主。

當我坐在檜町公園時，正下著雨，雨中的庭園更添朦朧的美。

松平賴重不只建造地下引水工程，提供飲用的水源，也規定河中不得洗滌衣物、捕魚垂釣、洗浴，同時嚴禁砍伐河邊的樹木，違者重刑。他在攔水堰上製作量水器，記錄不同時期的水量，以供配水之用，開日本「水資源管理」先河。

13 椿山莊——人工流螢「螢光賞」

東京都寸土寸金，
卻保留了一個面積很大的美麗公園——椿山莊。
這是幕末名士澀澤榮一的理念：
保留大片土地經營「花園都市」，才不會過度擁擠。

「椿山莊」是東京都以美著稱的公園，面積約八公頃。「椿」是日本山茶花（Camellia Trees）的通稱，「山」是人工堆起的高地，讓人們像古代的城主一般，依地勢登高，到了高處，環視周遭。

椿山莊每個月舉辦活動，宣布什麼樹開花。五月到七月，夜間螢火蟲出現，這裡便成為東京市民的熱門去處。椿山莊特別標榜「螢光賞」，吸引大人帶小孩前來，營造親子活動的機會。

有遠見的幕末名士澀澤榮一

東京都土地寸土寸金，保留如此大面積的椿山莊，是幕末名士澀澤榮一（1840-1931）的理念。他在明治維新初期，引進西方的銀行業（日本進入令和時代，二〇二四年更新紙幣圖案，一萬元紙幣換成昆澤榮一的頭像）。他建議都市要保留大片土地，經營「花園都市」，強調都市花園應重於建築，才不會過度擁擠。

後來，日本許多都市更新，都有這位企業家的影子。他認為都市更新不該由政府主導，應是居民自主性的行動；是國家民主的象徵，也是成熟公民社會公共參與的體現。一九一二年，他更提出「都市更新，是投資未來」。他認為都市更新需要前瞻與遠見，著眼長期利益來推動。

為了疏散都市的人口集中，澀澤榮一提出「都市郊區化，而非郊區都市化」。他曾赴美參觀都市發展，認為都市與工業區分開，是美國都市規畫成功之處。但是住宅區與商業區分開，造成人際疏離；他認為應該讓住宅、生活、商業、工作混居，才能增加人與人之間的交誼與互動。這成為日本都市更新的特色，也成為日本都市發展的特色，與美國截然不同。

澀澤榮一與著名政治家山縣有朋（1838-1922）建設「椿山莊」的土丘、高臺，以「庭院懷抱歷史，歷史定位庭院」，做為這座公園的特點，並期待「給居民一個長期的感動，是給都市居民的祝福」。

生態池不聯外，螢火蟲漸消失

遺憾的是，二〇〇六年，椿山莊失去最後一隻螢火蟲。而後，幾度復育都不成功，只好從都市外捕捉成蟲，到園區釋放，製造人工流螢。這個做法引起正反兩面的辯論；正面支持者認為，保存公園供人參觀是重點，螢火蟲是配合的功能；反對者所持原因是，捉來的螢火蟲都會死在園區，成為滿足人工需求的犧牲品。我造訪時，看到的環境、植物、水池等，都適合螢火蟲。為什麼螢火蟲會消失呢？這是「基因窄化」的緣故。這裡的螢火蟲是近親繁殖，成為弱勢的生命力，以致死亡率高，螢火蟲漸漸消失。

我學習到什麼？在都市裡，在單獨一座公園裡營造螢火蟲生態池，若不與外界地域相連，螢火蟲最終還是會消失。

14 房總半島——海上螢火蟲

景觀營造分為自然景觀與文化景觀，
前者是自然環境的管理，使大地更美；
後者是自然環境的營造，配合居住周遭背景。
近山農村的里山體驗，是自然景觀順應文化景觀的共同營造。

東京灣外環，有個自北向南延伸的半島，若遇太平洋海嘯、颱風、大潮入侵，這裡是最好的屏障。德川幕府時期，這裡是保護關東地區的前哨，有最強的軍隊駐守，軍防總部稱為「房總」。

日本著名的古典小說《里見八犬傳》，以戰國時代活躍於房總的里見氏的歷史為題材。驍勇的武將里見義堯（1507-1574），以房總半島為根據地，曾與北方的上杉謙信（1530-1578）、東方的北條氏康（1515-1571）同盟，對抗自北方南下的武田信玄（1521-1573）的軍隊。房總半島另一則知名軼事，是江戶時期曾出現了一位盲眼劍客——「座頭市」，他是日本武俠傳奇，為人按摩，行俠仗義，晚年定居房總村（子母寬澤於一九三〇年代在房總村調查江戶時期劍客軼事所記載下來的傳說）。

海上螢火蟲與大島櫻

近年，房總半島以「海上螢火蟲」揚名國際。

有些耐鹽份的螢火蟲，能夠生長在海濱紅樹林區，好似海上螢火蟲。房總半島的海上螢火蟲，像似夜間駛過東京灣跨海大橋的燈光，過橋後，又通過一系列隧道，遠遠看似忽明忽暗的一片螢火蟲燈海。我白天去房總，晚上回東京都。多麼奇特的體驗，我好似也是一隻螢火蟲。

房總半島是位於關東東南部的半島，東側與南側鄰太平洋，西瀕東京灣，北與本州的關東平原相接，長期受到強烈海風吹襲，是最抗風、最耐蟲害的「大島櫻花樹野生種」原產地。早期房總半島居民在海濱種植大島櫻做為防風林，減緩海風吹襲。沒想到，成排的大島櫻讓房總半島成為關東地區最美麗的海岸線。陽明山的櫻花，也是在一九五〇年代初期，自房總地區取回臺灣栽種的，此後臺灣也有了櫻花季。

我發現房總的居民為了幫助大島櫻在海風下站得穩，櫻樹的下垂枝、平行枝大都剪去，減少受風面承受的風壓，又能藉著修剪，導引養分流向需要加強的莖、枝部位。日本常有颱風，因此，照顧樹木的做法，較注重風壓承受的問題，修剪時會注意枝幹之間的空間對稱，以削減風場造成的搖晃，為樹舒壓。這是日本「樹藝」與美國、德國不同之處。

令人感動的里山精神

這裡也用赤松做為防風材。赤松並不粗大，胸徑很少超過一點五公尺，樹皮微紅，少蟲害。根部很深，即使在貧瘠的沙灘地，也能生長良好。赤松林中也有一些抱櫟，抱櫟的樹根非常強壯，即使在多石礫的地區，也能垂直向下，極具抗風的果效。這些抗風的樹種，一般都是在小苗階段移來種植。樹苗在盆栽超過一兩年，根系生長型態已被盆栽固定，不能移植做為防風林。

赤松與抱櫟的混植林，不只防風，也與農地、農舍交錯。古時候，樹枝的細幹可做合掌型屋頂的建料，粗枝可做燃料，粗徑做蓋屋的梁棟，細徑做農具。這種雜木林，對於都市近郊丘陵地的百姓生活甚為重要。我走在房總村雜木林邊小徑，看到林區地面整理得乾乾淨淨，對於在地居民維護環境的里山精神（里山〔satoyama〕一詞最早出現於江戶時代，「里」是「田」和「土」的組合，有故鄉的意思，泛指位在村落與深山之間的地方。里山精神，意指環繞在村落周遭的山、林、川和草原，經由人類適度耕耘，提供動、植物多樣性棲地，達到社會、環境以及生產三贏局面）深感佩服。

日本自古以來，雜木林每十五年到二十年砍伐一次，重新移植栽種新的樹木，一方面可以增加林木層次，產生阻風果效，一方面可以讓附近居民日常拾取枯木落枝，有助於減少植物病蟲害與黴菌感染。近代，天然瓦斯取代了撿拾枯枝，人們不再撿拾雜木林落枝，也不再定期伐砍，導致雜木林品質劣化，生物多樣性逐漸減少。里山可以不要有人為的開發，但是需要人為管理，才能使雜木林防風，又能與農舍共存。

當我走在赤松林邊的小徑，陣陣海風吹過赤松林，應和著松濤的聲響，讓我感動。里山環境與都市近郊林的維護，現在在臺灣也受到重視，但是，如何讓都市人樂於前來農村體驗不一樣的生活，活絡農村經濟，又能保護樹木，共創雙贏，仍是一個需要學習的課題。

卷III

歐洲森林公園裡的螢火晚會

15 海德公園——螢火蟲慢活好所在

我造訪時，公園人很多，卻不喧嘩。
最讓我訝異的是，偌大的公園只有兩座廁所，
坐落在花朵環繞的所在。
當然，我來此不是看廁所，
而是觀察這裡有螢火蟲的原因。

海德公園（Hyde Park）是英國倫敦最大的公園，面積約一百四十二公頃，位處倫敦中央地區。這裡原本是泰晤士河支流韋斯本河（Westbourne River）的河灘地，土質很黏細，是倫敦市區的地下水滙集區。我知道海德公園的環境與大安森林公園最像，同樣排水不良。但是百年來，海德公園一直有螢火蟲。

種樹天才——帕克斯頓

將這泥濘、低窪之地，改變成著名的都市公園，是景觀建築師帕克斯頓（Joseph Poxton，1803-1865）的睿智與遠見。帕克斯頓只受過小學教育，來自貧窮農家，十五歲開始學習公園景觀園藝，由「奇斯威克花園」（Chiswick Garden）的清潔工做起，他喜愛植物，一邊掃地一邊學。二十歲時升任為正式園藝工人，每天清晨四點半就到公園上班，七點半到公園外一家麵包店吃早餐。很少有工人這麼自發的努力工作，因此麵包店老闆給他特別營養的早餐。二十四歲那一年，他娶了麵包店老闆的女兒，同年擔任園藝領班。二十九歲時，他成為花園的主任。

奇斯威克花園面積六十五公頃，以種植稀有樹木著名，是倫敦一帶供應大樹植栽的中心。一八三六年花園完工開放，外界才知道有這麼一位景觀植物專家，帕克斯頓被稱為「種樹的天才」。他種植大樹的技術，是以鋼筋做為網格鋼構埋在地下，再於鋼構中種大樹，以穩定根基。

精心設計排水功能

一八四四年，帕克斯頓接受皇家委託，設計海德公園。他一開始就將重點放在排水，平坦地型的植栽是否能健康生長以及日後環境良窳，關鍵完全就在排水功能。首先，帕克斯頓將韋斯本河浚深，擴大水面，成為一個大水域。挖出的大量土壤堆置地面，形成坡度起伏的小土丘，土丘的地表排水容易，滙集排水，專管輸出。所有的地表排水都採用地下暗管，減少日後水路潮溼、滋生蚊蟲。坡地的起伏都配合陽光方位，能承受最多日照，使地面乾燥。在土質黏重區，他以空心陶管組成垂直向下的排水管，促進深層排水。

帕克斯頓是當時歐洲最著名的移樹專家，曾移超過八噸重的大樹到海德公園，種植存活。他也以客土改良土質，以每棵大樹底下有十五立方公尺的好土做基底，每移一棵大樹都保固十年。他用大量草坪覆土，減少地表沖刷，也加強公園通風，讓太陽直晒，促進土壤乾燥。他訂定車子不得進入公園的規定，讓父母能帶孩子在公園奔跑。在他設計下，園內有音樂臺可以演奏，有馬場可以騎馬，並在設置了警察局之後讓公園二十四小時開放。

帕克斯頓在浚深後的韋斯本河下游做了一個攔水堰，成為人工湖。枯水期間，抽泰晤士河水進入補位，使人工湖的水位提高，可供划船休閒。用堰口控制排水，保持水常流動，減少水域藻類滋生。一八五一年，海德公園完工，從此這裡成為倫敦最受歡迎、人氣最高的都市公園，也是螢火蟲可以「慢活」的好所在，直至今日。帕克斯頓晚年曾告訴工人：「我一生工作最主要的原則，是不為任何價值不夠的案子工作，即使給我很高的薪水，我也不做。若為上帝的緣故，即使是微薄的薪水，我也做。」

16 肯辛頓公園——「水縫紉技術」營造昆蟲棲地

稱公園為「都市之肺」(lung of the city)，
就是從英國肯辛頓公園開始。
都市公園建設與管理，
肯辛頓公園是全球最著名的典範之一。

倫敦的肯辛頓公園(Kensington Gardens)始於十六世紀，面積約一百一十公頃，原是亨利八世(Henry Ⅷ，1491-1547)打獵的地方。十八世紀初期，一度是倫敦醉酒、毒品與色情交易中心。為了改善治安，由景觀建築師懷斯(Henry Wise，1653-1738)負責設計，在一七二七年建造成都市公園，也是英國最早的景觀公園。

當時歐洲的景觀建築師社會地位很高，直屬皇家，而且終身聘用。皇家御用的培訓過程非常嚴格。懷斯來自一個英國古老的園藝家族，從小就當家族行業的學徒，而後跟著外界不同的園藝造園師傅學習。一六八一年，他跟隨皇家園藝造園師倫敦（George London, 1640-1714），一起設計漢普頓宮公園（Hampton Court Park）、墨爾本公園（Melbourne Hall — The Gardens）與查茨沃斯莊園（Chatsworth House）等。

在公園可以遇到奇妙

園藝造園師養成不易，需要具備實地野外栽種經驗，經常出國參訪學習（主要是法國、義大利、瑞典等國），具備「土壤—植物—水—工程」的整合性知識，並熟稔社會、經濟動態，能敏銳覺察他人（尤其是委託者）說不出的期待。一六八七年，懷斯獨當一面，設計、建造溫莎堡（Windsor Castle）。他的才華受到欣賞，被譽為「整理大地的天才」。

「奇妙，在公園可以遇到。」這是懷斯的名言。他栽種配合季節變化的植物，他寫道：「植物最能訴說大自然的故事，因此，都市公園最好的闡釋者是植物。」他在公園內設立溫室，做為植栽的種源，公園栽種的植物都在園區育種。

女王委託規畫肯辛頓宮景觀

懷斯接受肯辛頓公園的設計與建造案時，委託者安妮女王（Queen Anne, 1665-1714）這麼要求：

這公園要呈現大地美，
有想像力的人，來此有更多的想像；
喜愛思考的人，來此變為詩人；
難過的人，來此產生喜悅。
讓飛鳥自由前來，讓人們在此聽到大自然的呼喚。
末了，讓這公園的存在，
提高這城市居民的生活品味，
成為引以為榮的景觀，
讓這公園成為文化與美感的代表。

其實，這裡曾是設斷頭臺處決犯人的刑場。懷斯寫道：「公園可以翻轉刑場的陰霾，成為喜樂之地。」他說：「景觀設計是大地的編織學，顏色來自植物，材質來自土壤，風格來自公園內的水池、泉水、水路，以及配合地型的運用。」他首開在公園種植大樹的先例，可以在最短的時間賦予公園奇妙的景致。

他展現了諸多受到後人稱道的造園技術：以多樣的花朵營造公園的美；以花朵與綠草不同的排列與次序，給人想像的空間；以砂子鋪成步道，穿梭園區，讓人們放慢腳步。用不同的樹木營造不同的光照，讓難過、憂鬱的人走經幽暗，進入光明。用多結種子的樹木，四季吸引鳥前來。用幾何造型的花園提升美感。用亭子來演奏表演，給人舒暢、享受美好的時光。他大量採用野花，象徵野地的呼喚。

讓水路交錯的「縫紉技術」

更有名的是他用交錯的水路，在地上與地下流動，形成池子、噴水、流泉、水幕等，這就是「水縫紉技術」(water piece techniques)。因為水路多樣，所以這裡白天有蜻蜓飛舞，晚上有螢火蟲點燈。

我來肯辛頓公園，發現當年懷斯運用的技術現在仍然留存。難怪英國人稱：「愛熱鬧的人，會去海德公園。有智慧的人，會去肯辛頓公園。」

懷斯營造的這個優美的公園，兩百年來，螢火蟲一直在此。

17 薩克森豪森——樹林、活水與建築共存

經過十幾個小時飛行，抵達德國法蘭克福。
我疲憊，但喜悅。
因為這裡有一座聞名歐洲的都市公園。

德國法蘭克福區域，有一條美茵河（Main River）流過。河邊有個名叫薩克森豪森（Sachsenhausen）的城鎮，是有名的「都市森林」。這是歐洲近代著名的都市景觀建築師梅（Ernest May, 1886-1970）的傑作。

梅是二十世紀初期德國「都市森林公園運動」的肇始者。他提出：「城市公園的環境愈是接近大自然，愈是能吸引喜愛大自然的人前來，並成為凝聚居民的最重要元素。」世界上喜愛都市森林公園的設計者，都會想要親自造訪這裡。

德國在第一次世界大戰(1914-1918)戰敗後，面臨沉重的國際賠款。梅被聘為巴伐利亞的建築部部長，在薩克森豪森建造一萬六千間房屋與都市公園，後來這裡成為德國最大的社區建築。

在都市森林裡建造陽光住宅

梅認為：「近代都市發展的危機是擴張太快，欠缺仔細規畫就動工。建商獲益，廣大居民的生活環境卻變差。房子與社區環境，會改變人的生活習性；生活環境變差，將使居民沮喪。」戰敗已使德國人民普遍沮喪，他認為不能讓人民住在令人沮喪的環境裡。

他建造的陽光住宅，雖然住戶居住空間不大，卻為社區爭取到更多開放空間。每一住家都可以看到太陽、公園、住家前的樹木。他以街道樹木和公園裡的樹木將社區圍繞。他提出：「公園是社區居民一起溝通、一起合作的場地。社區孩子在這裡一起玩耍，大人在這裡一起運動，老人在這裡休閒散步。」他將多出的土地營造都市森林公園，就是近代非常著名的「薩克森豪森都市森林」。

在設計這個公園之前，他花了許多時間走訪德國古代城堡建築，思考古代建築的做法，將公園與社區結合，並融入文化特徵的元素。其中最大的突破，是將樹林融入都市營造。

梅認為，都市森林公園是空地最好的用途，更是景觀綠化的標誌，可以襯托周遭建築之美，讓都市有情調，也讓居民在大自然的環抱中，心理得以舒緩。

這座公園有四千八百公頃，佔整個城市面積一半以上。公園中有一個大型湖泊，與幾個小型湖泊、水路互相串連。這些湖泊是早期美茵河畔低窪區的地下水滲出而形成的。梅將低窪區挖深些，以地下管路與美茵河相通，讓新鮮的河水不斷注入，使公園與河川聯結。他還擔心水質厭氧，採用噴泉方式讓水氣增加，也為都市森林公園營造更豐富的景觀。

維護生態兼顧減碳

早期的都市與森林不相容，是擔心森林火災與樹木傾倒。梅提出：維護森林中的湖泊，可以增加潮濕，避免災害。此外，濕地讓昆蟲、鳥類棲息，可以增加生物多樣性。森林樹木的碳儲存，又能減低都市的碳排放量。

薩克森豪森的都市森林公園，延伸到城市外，與相鄰城鎮聯結，成為嵌塊性的組合，使森林的水文地理，為人類攔截周遭城鎮空氣污染、水污染，隔絕都市噪音，改善微氣候，也讓螢火蟲能夠棲息。

當初他這樣建造，曾遭反對。反對者認為這種融入森林的都市公園，使得建築面積減少，森林也會成為無家可歸者的棲身所、不法之徒的隱藏處。後來這個案子能夠推動成功，歸因於戰後不景氣，人們沒有錢買大房子、無法享受私家花園，因此願意花較少的錢買小房子、共享遼闊的公園。對貧窮世代而言，都市公共空間很重要，成就了都市森林公園的典範。

梅在晚年時寫道：「城市森林公園的營造，取決於居民的生活品味以及設計者的良心。居民知道自己想要怎樣的生活，設計者知道什麼樣的設計對居民最好，而非讓居民屈就。」

二〇一七年，我來到這裡參觀。夜裡的公園很暗，遊人不少，但是沒有人帶燈具。德國的生態教育是：「夜間看昆蟲、鳥類，不需要燈具，有月光就足夠了。」我在這裡看到了螢火蟲，靜靜的觀看，覺得很滿足。

18

慕尼黑公園——物理學家設計的都市公園典範

十七世紀前的歐洲，公園是貴族打獵的地方。
十八世紀重視景觀，公園是栽種美麗花木的地方。
十九世紀傳染病流行，公園提供防災空間。
二十世紀重視都市環境，人們相信在公園裡比在建築物內更有益身心。
有森林、生態池的都市森林型公園，
以德國慕尼黑都市公園為最早典範。

歐洲最著名的都市森林公園，是「慕尼黑都市公園」，設計者是湯普森（Benjamin Thompson, 1753-1814）。湯普森是熱力學大師，在物理學的貢獻遠超過他在公園設計的知名度。「摩擦生熱」是他率先提出來的。

從一座公園看見城市的遠見

湯普森用物理學——「熱」的概念來設計慕尼黑森林公園，使這座公園成為後代難以仿效的傑作。多數的公園設計者是植物學家或園藝學者，多從植物、花草的小尺度去設計，而非用「熱」的大尺度去設計。

湯普森是科學家，曾擔任英國陸軍軍官。一七七五年，美國獨立戰爭發生時，他任陸軍中校，帶軍到美國打戰。英軍戰敗，他反省：「為什麼英國會失去殖民地百姓對祖國的認同？」他回到英國，向政府提出這個問題，但是並未受到重視。一七八五年，湯普森到巴伐利亞從軍，訓練當地的陸軍。他由美國獨立戰爭的經驗，告訴巴伐利亞的貴族：「國家應該保留大片的土地給居民，成立公園。將來居民對都市的認同，會來自公園。對國家的認同，來自政府不與民爭地，給出大片土地做公園。」於是巴伐利亞貴族捐出土地讓他營造。

一七八九年，湯普森營造慕尼黑公園，他根據「空氣對流」、「水的散熱」與「陽光照明」的物理理論來做設計。他訂出公園要有三百七十公頃的面積，才能達到都市的散熱效應。當時慕尼黑人口少於十萬人，哪裡需要這麼大的公園，幫助散熱與換氣？湯普森是為未來做設計，慕尼黑公園因此成為當時世界最大的都市公園。迄今慕尼黑人口超過一百五十萬，周遭衛星城市超過五百萬人，卻少有都市的熱島效應，必須感謝這位科學家的遠見。

湯普森將都市周邊的伊薩爾河 (River Isar) 與河流周邊的灘地，納入公園。他讓河流的水流帶動公園與周邊的風流動。

伊薩爾河源自巴伐利亞高原，雪融時，流量大增，水淹兩岸，流速湍急。他建造公園時順便治河，在河道中做了一系列的跌水，將傾斜的河床變成階梯式的河階，這跌水的結構，後來成為普世河川治理的典範。他又做水道，將部分河水引入公園，平常可以用來灌溉，大雨時兼有防洪效用。

公園內有小型農村

湯普森也在慕尼黑公園種植抗風樹種：雲杉、松樹、榆樹、楓樹、樺樹等。此外，他在公園裡面建設了一個小型農村，讓照顧公園的員工住在那裡，並且種花、種樹。

湯普森成立夜間公園巡邏隊，由住在公園裡的居民擔任、執行。又在公園設置木造屋，供居民宴會、藝術表演等等。公園雖大，但他在園中設計的道路，讓公園沒有視覺死角，民眾喜愛前來。

公園與大學結合

慕尼黑都市公園對世界另一個影響，是它結合了附近的慕尼黑大學。慕尼黑大學與海德堡大學是德國最古老、最著名的大學，有許多外國留學生會經過這座公園，回國後自然會將他們對這座公園的見聞與體會傳播出去。後來有人學成返國後擔任都市公園的設計者，效法這座公園的設計概念——重視散熱以及風的對流，充分採光。

例如日本造園家本多靜六（1866-1952），一九〇〇年在慕尼黑大學就讀，返國後，日本皇室要求他設計「日比谷公園」（又稱為東京都中央公園），這是日本最著名的都市森林公園，後來成為亞洲地區都市公園的典範。

美好的概念會代代相傳，不需廣告，有心的人自然會學習。

二〇一七年的某一天，我搭車來到慕尼黑時，已近黃昏，走進公園竟迷了路。幾乎靠著月光看路，途中踏入泥澤，這才看到許多螢火蟲在身邊飛舞。前方有個啤酒餐廳，餐廳裡的人紛紛轉頭或站起來，看一個東方人走入螢火蟲濕地。

我學到什麼？當時沒多想，只想多看看螢火蟲。事後想起，才漸漸體會湯普森的設計理念：「一個優美的公園，背後要有一個美好的故事。」

19

福森——歐盟的森林生態教育基地

在公園營造螢火蟲棲地，
結合森林保護與「生態圖書館」，
是我在福森（Fussen）的學習。

德國是世界上最重視森林教育的國家，早在八世紀，查理曼大帝舉用賢人亞爾克琳（Alcuin,735-804），亞爾克琳重視森林管理與保護，是中古世紀的土木保持先驅。德國在十九世紀末期才成為一個國家，但是許多森林保護學的知識，一直留在德國諸邦。

都市森林公園是國家政策

二次世界大戰時期，盟軍猛烈轟炸，德國不論都市或是森林，都遭受嚴重破壞。戰後，都市重建與森林復育同步進行，而非向已被破壞的森林掠奪更多的都市空間。這使得後來德國的城市內外都保留了許多森林。

德國是個中央分權的國家，中央訂大方向，執行落實的權責在各邦，這使森林保護具有在地特色。一九五六年，德國的什列斯威—好斯敦（Schleswig-Hoisten）展開「德國森林青年」（German Forest Youth）運動，推動全國城市森林的自然生態永續管理、使用與維護，宗旨是：「眾人要認識植物，要靠森林重建。體驗自然，要靠接觸森林。」重視事實與實際體驗，一直是德國教育的特點，有別於許多國家維護森林只是理想，或是與經濟開發相互角力的議題。

推動森林生態教育

德國的森林生態教育為二十世紀培育了許多人才，更與世界四十幾個國家接軌，推動森林維護網絡，協力合作。如今德國是歐盟森林生態教育基地。阿爾卑斯山下的巴伐利亞邦是其中的翹楚，邦裡的維恩雪弗（Weihenstephan）、羅騰堡（Rottenburg）、哥庭根（Gottingen）、慕尼黑（Munich）、艾爾福特（Erfurt）等城市，都有都市森林保護組織，長期互相聯盟合作，每年辦活動分享經驗、培養人才。這些團體都是民間組織，由私人與企業捐款，政府與他們配合，由各城市居民去執行落實。

德國的都市森林教育，一直被視為年輕人藝術教育的一環，而且配合時代進步，不斷創新，將森林體驗轉化成為大自然的探險活動。讓年輕人成為老師，森林成為他們創意教育的舞臺。這些教育活動包括：

- 認識森林與動物的關係，讓森林做為生物棲地。
- 認識森林與氣候的關係，減少大氣層二氧化碳。
- 認識森林與水資源的關係，增加雨水入滲，維護溪流。
- 認識森林與土壤的關係，減少土壤沖刷與坡地土石流。
- 認識森林的美與景觀，讓森林成為在地特色。
- 認識森林與木材生產、製作及運用的關係，做好森林經濟管理。

德國的教育方式重視親身接觸、實地講解與體驗。更重要的是不斷呈現創意，吸引每個時代的年輕人。知識不加以傳承就會湮沒，經驗不加以分享就會成為被遺忘的過去。

創意森林圖書館

我來到「福森市森林教育營」，才知道營中不但可以觀察螢火蟲，還有一座生態圖書館。

圖書館整個空間由木頭建材建造，斜屋頂可以集水、減緩沖蝕，外牆玻璃垂幕可以增加自然採光。內部有顯微鏡工作檯供顯微觀察，書架上有相關專業書籍，有標本陳列供細節觀察，有森林木頭雕刻、生物標本與創意工藝製作。德國城市常設有都市森林生態圖書館，各地有不同重點。有的強調看到森林生態、聽到森林聲音、聞到森林味道，或是以森林知識為設計主軸，使圖書館具多重教育功能。

我參觀時，正好看到一位年約五六十歲的男士在圖書館外懸掛海報。我與他交談，他說這座圖書館是由一家木材公司捐贈與支持，他是木材公司的員工，圖書館、木頭雕刻、桌椅都是他的傑作。我讚美他的傑作真是有創意。

走累了，坐在圖書館外的木頭椅上休息。晚上九點了，在六月落日餘暉映照下，阿爾卑斯山下的森林依然明亮美麗。德國百姓對國家的認同，森林是凝聚的元素之一。當森林成為國家的象徵，愛護森林就成為愛國的情操。

卷 IV

螢火蟲與特殊教育

20

與發光的小人兒相遇

晚上八點十五分，

螢火蟲棲地周圍「人山人海」。

民眾互相告誡：「不要用手電筒。」「不要捉螢火蟲。」

何等美好！這裡成為公民互相教育的地方。

這一晚，我看見十二隻螢火蟲。

啊！這是多麼有趣的地方，多麼美麗的夜晚。

「媽媽，野外的草地裡住了許多很小的人。他們跟我們長得不一樣，彼此也長得不太一樣。」在美國田納西州的農場，一個小男孩問道。他的父母是到此拓荒的農民，農場附近幾十公里都沒有同齡的孩子。

「那些小人在做什麼？」媽媽好奇的問。

「不同的小人有不同的國家，每個國家有自己的軍隊。他們經常追來追去，互相打來打去。」孩子說。

看見草叢下的小人兒

孩子的媽媽將這事告訴爸爸，他們本來忙於墾地，決定暫停工作，和孩子到草地去看看是什麼樣的小人兒躲在那裡。孩子指給父母看，證明小人兒是存在的。看了以後，爸爸對孩子說：「這些小人兒，名叫螞蟻。」

「他們是我們的鄰居嗎？」爸爸說：「是的。」爸爸和媽媽討論後，決定不在那裡翻土種玉米，留給孩子觀看螞蟻。

孩子不再孤單，每天去看螞蟻。他回家後與父母分享草地裡各種小人兒的故事。孩子進小學時，在教室附近又看到小人兒。他去告訴老師，老師向家長反映：「這孩子是不是有妄想症？」他的父母向老師說明：「他一定是看到什麼甲蟲。」老師才釋懷。

這個孩子長大後，在田納西州大學取得昆蟲學博士，後來擔任「納斯維爾農業師範學院」

(Nashville Agricultural Normal Institute) 農業昆蟲學教授。他是二十世紀初期舉世著名的昆蟲學教育家柏力爾 (Floyd Bralliar,1875-1951)。他的著作《從故事認識昆蟲》(*Knowing Insects Through Stories*)，就是從他小時候在草叢下「聽」到小人兒開始，講他與小人兒對談的故事。這是讓學生認識昆蟲的另一種方式，後來被拍成電影。

柏力爾寫道：「大自然教育，很重要的是引發學生喜愛自然的動機，這是教育的先導。」「我相信昆蟲在大自然遇到的變動，例如颶風、旱災、炎熱、寒冷等，對昆蟲而言，都不是災害，而是使昆蟲的生命更堅強。我教導學生認識昆蟲，期待學生的生命也變得剛強。剛強面對不佳的環境，成為我們學習力量的泉源。」他又寫道：「螢火蟲不只是暗中之光，也是孩子喜愛大自然的深處之錨。許多孩子觀看螢火蟲，日後經過多少大風大浪，仍然喜愛走到大自然，獲得向前的動力。」

我從事螢火蟲復育，如果讓一個孩子因此而愛上大自然，一切的努力就值得。孩子，讓我來告訴你，公園裡有一群發光小人兒的故事。

21 特殊學生用眼睛學習

雨從下午一直落到晚上。
雨水會沾溼螢火蟲的翅膀，因此
下雨的時候，螢火蟲很少活動。

晚上九點四十分，雨暫停，
快步走到大安森林公園，
沒想到，竟有兩隻螢火蟲閃閃發亮，
一隻在野薑花的垂葉上，
一隻在水柳的小葉片上。

喜歡觀察螢火蟲，與我在學生時代喜愛閱讀有關。在美國求學時，學校圖書館每年有一次「舊書拍賣會」。拍賣舊書的時間，會提前幾天公布。那是我喜悅期待的日子，可以用很少錢買到許多舊書。拍賣的舊書都是圖書館的存書，除了紙張略黃，大都保存良好。買舊書不是立刻要讀，而是放在書架上，看到就覺得滿足。無聊的時候，有舊書可讀。閱讀舊書，像吃小菜，沒有壓力，每次讀一點，增添日子的風味。

觀察昆蟲的意義

有一次，我買到了哈普斯特（Hilda Harpster）在一九五〇年出版的「昆蟲的世界」（*The Insect World*）。其實，我購買之前並不知道哈普斯特是誰，但我喜歡他寫的：「觀察昆蟲，可以體會昆蟲與大自然之間，幾乎有無窮的連結。每個連結，都非常奇妙。但是許多人不知道周遭昆蟲的活動。不要以為昆蟲小，就不重要。只要去了解，每種昆蟲都有其功能。只要我們去觀察，每種昆蟲都很有趣。」

「例如看牠們覓食、求偶、生長、產卵、與彼此的互動，都含著牠們代代相傳的生存法則。活著不是只為生存，而是有其意義。為這意義，許多昆蟲在艱難的環境下，仍能堅忍求生。所以我們不要忽略昆蟲，若多看一下，會發現昆蟲是在以牠們的方式，表達生命的禮讚與生存的尊貴。」

這本書三十多年來都放在我的書架上，不時拿下來翻閱。當我走到野外，想起書裡的內容，所見的變得更貼切。

哈普斯特教導了我：觀察螢火蟲，不只是「大自然的體驗」，更是「夜間的生命教育」。不只是看幾隻螢火蟲在閃亮，更是體會生命在黑暗裡所表達的。觀察螢火蟲，不只是為擁有一些螢火蟲的知識，更豐富了我們生命的內涵。

野外觀察的教育功能

中學時期，我有學習障礙，上課常聽不懂，強記也沒用。大學時期，我常在課餘到野外散步，才知道我不是用「聽」來學習。而是用「看」來學習，看了就可以明白，且記住很久。

當老師後，我發現有些學生與我類似，是用眼睛在學習。這種學生經常被認為上課不聽講、愛睡覺、發展遲緩，但他們一到野外就變成另一種人，體力充沛、精神十足。看花記花，看草記草，看蟲記蟲，學習變得像「洗衣機」，一切全自動。

野外觀察提供一個有趣的舞臺，讓這些學生找到適合他們學習的方式。他們看了之後，回到教室，會有學習的動力。喜歡野外的學生，在學校的成績不一定在前段，因著想認識大自然的求知欲，成績才向前。

我在學習觀察中，也得到同樣的益處。之後，我教育學生，會先帶學生到野外看，再回室內講。許多抽象的學問，學生在野外觀察後，會產生觸類旁通的效果，變得實用而有趣。

可惜現代教育大都在教室內，以致損失以「看」學習的學生。在都市公園營造生態池，就是給學生「看」的機會。給他們機會，默默期待播下好種，讓他們因為看到什麼，受到老師的肯定，獲得學習信心，一生樂於學習。教育是什麼呢？教育是不放棄每一個學生，相信每個學生都有他學習的最佳方式。螢火蟲生態池是另類的教室，期待點燃這類學生的學習熱忱。

都市居住環境的再思考

在大安森林公園營造螢火蟲生態池，不是證明別人做不到、我們能做到；別的地方無法達成、這裡能達成。不是高調宣傳，而是形成一個有更多學生與老師參與、分享、討論的平臺。

願在都市公園營造小小的螢火蟲生態池，能提醒下一代：未來的建築，不要以房接房，不留餘地；不要以樓接樓，不剩空間。而是從「健康的生活環境，需要什麼樣的特質」出發。也許未來有一天，都市建築不是用「百萬裝潢」、「明星學區」、「鋼架結構」、「交通方便」、「生活機能佳」做廣告，而是標榜「我家附近有螢火蟲」。

22 沉默的毛地黃

夜晚，
我帶幾個特殊學生到大安森林公園螢火蟲生態池邊，
看了一小時，沒有一隻螢火蟲。
他們有些失望。
我告訴他們：
「這裡是野生動物復育的棲地，與動物園不同，
前者不一定看到，後者保證可以看到。」
可貴的是，尋找螢火蟲期間，
我們有許多交流。

我的課堂上有些憂鬱的學生，他們言語寡少，人際疏離，對什麼事都沒有興趣。他們有隱藏自己情緒的傾向，出問題時，沒有告訴別人，就躲起來，自我封閉。當情緒超過自己所

能承負，可能就產生憂鬱。嚴重的憂鬱可將人盪落到很深的幽谷，處於不能自約的沮喪，會有高度的不安感與困惑。有時，終日想睡；頭腦昏沉，卻又難以入眠。

憂鬱的學生，自信心消失，感到自己無用。怎麼一點小事，自己都做不了？有很深的罪惡感，覺得拖累他人。長期自人群中退縮，會以為一切都沒有意義而自我放棄。

在野地裡同行

我喜歡帶憂鬱的學生走入大自然，與他們邊走邊談，或分享大自然的點點滴滴。或是一起靜靜傾聽風聲、鳥叫、蟲鳴，或是注視一隻昆蟲、觀察一片樹葉、觀賞一朵小花、欣賞一片白雲，體會生活在這麼美好的世界，生命應該是有意義的、值得珍惜。

我也給學生分享的平臺，在相互傾聽中，重新發現自己存在的貢獻；或與他們夜間走一段，一起體會生命裡不易走的一段路，有同伴同行。我相信學生經歷憂鬱的幽暗，是生命中一段有意義的經驗，但是不要停留太久。

當我在野外與學生同行，看到有憂鬱傾向的學生的改變。在陽光下，他們蒼白的皮膚轉成蘋果紅；他們從人群之外，逐漸加入集體討論與分享，那是何等令人喜悅的事。

都市公園的自然教育功能

在科學史上，第一位將憂鬱陪伴與大自然教育結合的人，是植物與昆蟲學家斯洛森（Annie Slosson, 1838-1926）。她原本是個畫家，畫野地的景緻。她發現都市興起，鄉下人口往都市集中，以致鄉村凋零、商店關門、農地荒蕪，都市的垃圾常傾倒到鄉村街道，都市污水排到農地，她愈看愈難過，後來畫不下去。

她在一次聚會裡，認識一位為鄉村發聲的律師，他說：「都市的孩子若不曾來到鄉下，日後不易珍惜鄉下的環境。因此，都市要有大片公園，讓都市孩子在成長過程中早一點接觸大自然。為了下一代能重視大自然環境，都市要先有教導孩子的自然教室與園地。」

一八六七年，斯洛森嫁給這位律師，開始寫作，將丈夫的呼籲化為文字，在許多報紙刊登。一八七一年，丈夫生病過世。她非常難過與沮喪，他們沒有孩子，她心情低落的寫下：「我在幽暗的谷中獨行，呼喚同伴的名字，沒有回應，只有谷中幾隻熠熠發亮的螢火蟲在閃爍。」一八七七年，她寫道：「我回到鄉下，在野外散步。有天我低下頭，看到許多昆蟲，這逐漸被破壞的地方，竟然還有許多昆蟲不肯離去，堅持在原本的地方，過著有尊榮的生活，我決定不放棄，持續。」

她走出憂鬱，到幾所大學旁聽昆蟲相關課程。期間，她認識了幾位昆蟲學的教授。一八七八年，她實踐所學，到處調查昆蟲。遇有不明白，就回學校請教教授。一八八七年，她發現體力不足，把調查範圍縮小。春夏，她在新罕布夏州的弗蘭科尼亞（Franconia）山區做昆蟲調查。秋冬，她在佛羅里達州的萊克沃斯湖（Lake Worth）調查昆蟲與沼澤樹木的關係。

就這樣，斯洛森發現了一百種以上過去未知的昆蟲。她的調查成果大都發表在《紐約昆蟲學會期刊》，她也將野外的體驗與發現寫成童書，如《釣魚的吉米》（*Fishin' Jimmy*，1889年出版）、《七個作夢的人》（*Seven Dreamers*，1891年出版）、《沉默的毛地黃》（*Dumb Foxglove*，1898年出版）、《伯利恆的小牧羊童》（*A Little Shepherd of Bethlehem*，1914年出版）等，這些書擁有許多兒童讀者。尤其是《沉默的毛地黃》，被認為是十九世紀後期最佳童書之一。

喜愛昆蟲的人有溫柔的手

她用出版所得成立一個資訊交換中心，與許多對大自然有興趣的學生通信。她也贈送書籍給窮鄉僻壤的學生。她寫道：「願我的一生，是大自然的簿記員，與兒童教育的僕人。」「學生對大自然的好奇，是永遠無法被滿足。我只是與學生通信，鼓勵他們持續保有求知與探索大自然的喜悅，成為一個喜愛昆蟲的孩子，長大後會有寬廣的心、溫柔的手，樂意給昆蟲不受干擾的空間。」

一九一九年，她最後的貢獻是在城市外推動成立州立公園，保護鄉村；在城市內推動成立生態公園，成為都市孩子學習大自然的園地。她寫道：「都市裡如果沒有足夠的『綠』，將窄化人的眼光，最後困擾人的心靈。」

當時，許多人反對斯洛森的主張，認為將都市公園做為生態教育的園地，是浪費土地、閒置空間，譏笑她是傻瓜，但她仍心平氣和的推動公園改革。後來她調查的野溪，成為美國第一個州立公園「弗蘭科尼亞隘口州立公園」。她調查的萊克沃斯湖，也成為美國第一座都市自然公園。她留下許多在地昆蟲的調查資料，給這兩座公園做為日後管理的原則：「讓這些昆蟲一直都能在公園內生活。」

我不過是向這位女士學習的人之一。我告訴學生，當我們在黑暗中，看到螢火蟲在閃光，就知道黑暗並不可怕。當我們在黑暗中等待螢火蟲，我們會體會帶著盼望的期待，將會有結果。至於我，我也像「沉默的毛地黃」，等待學生成長。

23

給自閉症兒童的禮物

夜裡十一點了，我才到大安森林公園。
螢火蟲生態池旁靜悄悄的，沒有人。
我默默繞了棲地幾圈，
沒看到螢火蟲。

有個學生問我：「都市周邊的丘陵、郊山，如果已經有螢火蟲，為什麼還要在都市的公園區螢造螢火蟲生態池呢？都市有光害、污水、酸雨等，是不利螢火蟲生存的環境，復育螢火蟲的意義是什麼？」

百年來，都市發展切割了人與大自然的接觸。在都市裡，僅有一個小區塊是螢火蟲生態池，能夠改變都市什麼？我也曾想過，在都市公園復育螢火蟲，是不是像西班牙作家塞萬提斯的小說《唐．吉軻德》，追求著夢幻、不切實際的目標？這背後，有一個故事。

螢火蟲可以陪伴自閉症孩子

三十年的教師生涯中，我有機會接觸一些自閉症（autism）的孩子。我也曾擔任自閉症兒童夏令營的講師，與這些孩子和他們的父母相處。

人與人的溝通，需要靠語言，有些自閉症孩子的大腦，對外界的聲音幾乎沒有反應，他們也不能將腦中所想，轉換成聲音說出來，所以無法與外界溝通。他們從小活在自己的世界裡，外人若不理解，只會加深他們與人群的隔閡，愈來愈退縮，結果是愈來愈延遲大腦對外界反應的時間。

自閉症有輕重程度不同，產生的原因不明。這是苦難嗎？不！我相信是另一種方式的祝福。自閉症的孩子，永遠走不出自閉的繭？不！我相信他們需要的是機會。

但是近代都市發展的設施，對自閉症的孩子是不友善的，他們可以去的地方不多。郊外山區對他們而言是危險的，野溪也有不確定的風險。都市公園卻可以營造成為對他們安全、而且吸引他們前往的園地。自閉症的孩子對聲音的反應遲緩，但是對黑暗中微弱的光有反應。螢火蟲的光會吸引自閉症的孩子注意觀看。

我有一個輕度自閉症的學生，他小時候最得意的事，是他總能比班上同學先看到螢火蟲、蜘蛛、金龜子等。他教導我：先天的自閉，有別人不具有的優點──專注。他後來到我任教的學校讀昆蟲學系，畢業後到國外讀昆蟲學的博士班。我也看到有些自閉症的孩子，盯著蜻蜓、蝴蝶看。我相信這些孩子在不為外人所知的腦海裡，是有反應的。

看見螢火蟲，能讓自閉症孩子在專注中得到幫助。給這些孩子一個認識螢火蟲的地方，是富裕社會至少能讓孩子享有的美好。

這一晚，雖然沒見著螢火蟲，但我想到：「也許我在太亮的地方，不易看清重點。回到黑暗中，似乎什麼都看不見，反而可以看清楚。」

我常在螢火蟲生態池邊，向自閉傾向的孩子分享，期待孩子們知道，這裡有一份美好的禮物。猜猜看，孩子有回應嗎？

24

與天才兒童相遇

晚上七點半，我帶十幾個孩子看螢火蟲，順手將一個蜘蛛網清掉。

一個孩子問：

「老師，你不是說生態池要保留天敵嗎？」

我嚇一跳，這孩子記得我半年前講的話。

「是。但是蜘蛛網實在太多了，還是要清理一些。」

喜愛觀察，是天才兒童的特徵之一。近代天才兒童特殊教育心理學先驅學者霍林沃斯（Leta Hollingworth, 1886-1939）寫道：「一般天才兒童在六歲以後，就逐漸顯出他們特殊的智力，有的智商在一五五以上，有的甚至在一八〇以上。」「他們的智力特徵，是『記憶力影像化』、『觀察系統化』、『做事精確化』、『挑戰困難的問題』、『喜愛獨自解決特殊的問題』等。但是他們的人格特徵，常是『講個不停』、『忍受度低』等，容易受到誤解。我對這些天才兒童的遭遇深感同情。」

「我相信上帝給他們特殊的才智，是為了幫助眾人。但是他們不易適應這個社會，一般的評量方式也不適合他們。他們在青少年期容易因不被了解而情緒爆發，或是沮喪。他們不易受到正確的照顧與教育，不易被重視。符合社會規範的教育，能給他們肯定的機會很少，以致他們長期處於心態不平衡。」她又寫道：「幫助天才兒童，最重要的教育是『情緒教育』。給他們一對一的照顧，讓他們有機會從事個人化的學習，如健行、游泳、溜冰與野外觀察等。讓他們找到最佳的調適，進而了解自己遭遇的意義。」

鼓勵喜愛觀察的孩子

我在學習公園營造以及學習認識螢火蟲的過程中，經常想到霍林沃斯的這些話：「天才兒童最需要有人聽他們講話，看他們觀察到的事物，反問他們問題，鼓勵他們發現，更重要的是去愛他們。在愛中，我們將會發現，向他們學習的，多於我們教他們的。」

霍林沃斯本身也是天才，只是她小時候未被注意。她三歲時，母親過世，父親離家出走，祖父母領養她。十歲時，有一天父親忽然回來，帶走她，她才知道已有個酗酒的繼母。她在家經常挨打挨罵。十二歲時，她在學校每一科都是第一名。十五歲時，以第一名自高中畢業。在此之前，她寫道：「家是我的苦難處，學校是我的避難所。」

十六歲，她離家就讀內布拉斯加大學文學系，在大學大放異彩，擔任兩份報紙的專欄主編。一九〇六年，她以第一名畢業，兩年後結婚。她的丈夫在哥倫比亞大學讀心理學，她跟著轉念心理學，又以最好的成績取得碩士、博士。一九一四年紐約著名的貝爾維尤醫院(Bellevue Hospital) 徵聘首席心理臨床師，百人應徵，她是唯一的錄取者。工作之餘，她研究天才兒童的心理、家庭、教育與社會適應。我非常贊同她講的：「許多被認為是弱智的兒童，其實智力正常，只是不被了解；甚至有的是天才，只是有情緒障礙與口語表達障礙。」她提出鼓勵天才兒童的學習方法：從事有趣的問題，解決困難的問題；難過時不要躲起來當寄居蟹，與別人一起玩不要不合群；不要愛批評，也不要隨便說無聊；不要強辯，要注意自己的言辭；學習當快樂的傻子；學習領導，管理自己做人處世的態度；向有經驗的長輩學習；相信自己的存在有意義。

我在大安森林公園的螢火蟲生態池邊當解說員志工，的確遇到過講話不清、反應一流，或是個性古怪、記憶超強的孩子。我復育螢火蟲，只是在幫助螢火蟲嗎？也許也在幫助天才兒童。

25

與失智長者相遇

午後下了一場小雨，黃昏前，雨停。
晚上七點，螢火蟲生態池小徑旁，
有戀人、親子，有老夫老妻牽手同行，也有坐輪椅的老者。
似乎各有不同的觀察目的。
我靜靜傾聽他們對談的內容，
忽然發現，
都市公園的一角，也可轉化成美好的地方。

著名的昆蟲學家，美國康乃爾大學昆蟲學系教授康斯多克（John Comstock,1849-1931），他在一八九五年出版非常有名的《認識昆蟲手冊》（*A Manual for the Study of Insects*）一書。他寫道：「螢火蟲是夏日的先鋒，經常在溫暖、潮濕的夜晚出現。牠的閃爍帶著許多的意義：閃光愈強，代表牠愈成熟、強壯。牠們經常成群在沼澤旁、潮濕的草地、森林的邊緣，忽高忽低、忽左忽右的飛翔。牠們的翅膀柔軟，不像其他昆蟲剛硬。牠們的頭部很小，幾乎與前胸(pro-thorax)連在一起。」

「發光的部位，在成蟲的腹部，腹部有七節(segments)，用其中一節或兩節發光。螢火蟲的卵與幼蟲也會發光，我們對牠發光的目的，除了求偶、防禦之外，了解的不多。每隻螢火蟲發光的頻率不同，即使距離遠，彼此也可看見。」

觀察可以刺激認知力

認識螢火蟲，讓人多了許多可與人分享的談資，有趣的是，許多人也愛傾聽，不限年齡。我經常告訴來看螢火蟲的人，觀看螢火蟲，對我們有許多啟發，有益我們的視力、專注與身心。

有一天，一位老先生在外傭扶持及媳婦與孫女陪伴下，來到生態池邊。老先生的媳婦告訴我：「他堅持要來。我們從民生社區搭計程車來，他已九十多歲，很多事情都記不住了，就是一定要來這裡。」小孩指著螢火蟲的發光處，他沒有什麼反應，只是站著看。站了一陣子，外傭說：「天氣有點冷了，要不要回去休息?」他也不反應。我在講解時，他離我很近，一語不發，有在聽。

「失智症」是近代非常嚴重的問題。許多年長者大腦急速退化，不但失去記憶功能，也失去心智功能。不只無法生活自理，也情緒改變，難以照顧。這位失智長者堅持到生態池邊看螢火蟲，我不知道真正的原因。也許螢火蟲的閃爍，喚起他深處的記憶，聯上幼時的經驗。螢火蟲不規則的發亮點，能引發認知的刺激。誰說失智的長者，不能在人牛最後的階段，藉由新發現，重啟一些記憶功能？

「先生，他聽你的。你要不要勸他，不要站著，坐在輪椅上看呢？」他的媳婦問我。我轉頭看他，他也看著我，我大概知道他的意思。他是個男人，能站的時候，就站著。我回說：「有人扶著就可以。長期坐輪椅的人，只能固定從一個角度看前方，長久容易失去方位感。他自己站著看，不只看到螢火蟲，也看到四周，找到自己的方位。」

公園環境可以舒緩壓力、延緩大腦退化

一九八四年，瑞典查爾姆斯技術學院（Chalmers University of Technology）的烏爾里希（Roger Ulrich）教授，首先提出在都市設置「失智症公園」（Dementia Gardens）。他發現花草的顏色、風

吹樹木的聲音、光影的變化，可以舒緩人的心理壓力，使失智者的大腦退化趨緩。

他寫道：「我們給失智者的扶持，常帶著無助、無望。這種悲觀，反而加重他們的病情。而且我們的周遭又充斥鋼筋、混凝土，不健康的環境給人壓力，嚴重加速失智者失憶。失智症患者最需要的是大自然的美，溫暖的顏色、水流的聲音、光的變化，幫助他們心跳緩和、肌肉放鬆、血壓正常。」他的發現，成為歐美許多都市公園營造的另一種功能。

老人的孫女指示螢火蟲的發光處，他還彎腰慢慢向前走了幾步，仔細看螢火蟲光的移動。他離去時，是扶著輪椅走著。

營造螢火蟲生態池的過程辛苦，但有這一刻，就值得了。我看得很感動，願他今夜睡夢裡有螢火蟲飛翔。

後記　努力發光，向前飛去

那是經常的悸動，有著改善都市環境的夢想。
想讓人知道，螢火蟲可以在都市更多地方發光，
想證明，在人口稠密的地方，
也能有一片屬於螢火蟲的空間。
想證明，都市最美的風景，
不是豪華的大樓，而是附近有螢火蟲飛翔。
想證明，都市的生態營造，
不是我們改變螢火蟲，而是螢火蟲改變我們。

螢火蟲出現，是告訴我們：
冬日將盡，春天將至。
愈多人前來觀賞螢火蟲，
愈證明螢火蟲存在的意義。

在大學裡維持一間實驗室是辛苦的事。即使是「必修課的化學實驗室」，一年獲得的公家補助是六到九萬元。而修理儀器、購買藥品，一年基本支出約八十萬元。對此，我並不抱怨，我相信這是讓我生命力強韌，讓我必須發揮十八般武藝，張羅許多研究計畫，來支持實驗室的機會。我堅持學生必須會做實驗，所學才扎實。

隨著年紀漸長，我以為自己申請研究計畫的功夫會漸弱，但是來跟隨的研究生還是很多，我知道我必須勇敢。二〇一四年，我接觸到在臺北景美山下，以生態草溝與生態池復育螢火蟲的計畫。做為老師，學生是我最大的財富，有研究計畫，可以支持實驗室，又可以幫助學生，我接受了。沒想到讓我獲益良多。

我原本扭扭捏捏、舉棋不定，是因為我有理想，但不知從哪裡做起；我有夢想，卻不知能做什麼。我是大學教授，被學生認為有知識，但是我怕這些知識用到校園外面的世界，未必能夠落實。

從那時起，我常在景美山下與學生一起做實驗。晚上累了，就地躺下，看著浮雲與月亮，感覺很幸福。營造了兩年，原本只有一兩隻螢火蟲的山邊溝，一晚可有數百隻螢火蟲出現。不是我多厲害，而是人類只要願意在山邊給螢火蟲一個「避難所」，牠們就會回來。我給牠們一個機會，就像外界給我機會。

二〇一五年，我以景美山下營造的經驗，參與臺北市大安森林公園螢火蟲復育生態池的營造計畫。最初規畫的面積是三百七十五平方公尺，九月開工，兩個月後完工。二〇一六年七月，臺北市政府又提供兩千五百五十平方公尺的面積，三個月後完工，以原本臺北市平地的黃緣螢為主要物種。

生態池完工後，吸引許多民眾前來賞螢，也有許多志工主動前來幫忙。同年六月到年底，我的母親癌症末期，住在臺大醫院腫瘤科病房半年，直到安息。那段時間，我每天去陪母親，離開醫院後，常到這生態池旁靜靜觀看，平緩心情，我與螢火蟲生態池之間有了更深的聯結。

二〇一九年，我的研究生都畢業了，我也自大學退休。現在，我是帶兒童認識大自然的老師。在大學教了三十年，教小學生會有困難嗎？我又扭扭捏捏，舉棋不定。後來我發現，若自己的心態能回轉成為孩子，就沒有困難。現在，我從事帶領兒童認識螢火蟲的教育工作。我告訴孩子們，無論如何黑暗，這世界總有人像螢火蟲般努力發出亮光，不要失去盼望，不要扭扭捏捏，夜間展翅，往前飛去。

附錄 螢火蟲復育池的營造與管理 常見問題Q&A

1

問：在臺北市「復育」螢火蟲，有什麼根據？

答：我們復育黃緣螢，因為以前臺北平原是沼澤地，有黃緣螢。這不是猜測，而是有根據的。一九一七年，臺北帝大素木得一教授的助手楚南仁博，曾在臺北採到黃緣螢，製成標本，現在仍保存在「農學試驗所」。此外，一九三三年，臺北帝大理農學部的中條道夫，也曾在臺北採集黃緣螢，並製作標本。

2

問：在大安森林公園復育螢火蟲，最大的困難在哪裡？

答：最大的困難是面積不夠大。小小的生態池，將會窄化螢火蟲的基因庫，使這裡繁殖的螢火蟲，繁殖力弱。我們需要更大的水域面積，或是能與其他水路聯結，讓螢火蟲有遷移的選擇。螢火蟲必須有不同的棲地與對外聯結的廊道。目前這裡只能算是螢火蟲復育的小型生態池而已，只是起步階段，尚無法建立聯外的廊道。

3

問：大安森林公園螢火蟲復育區，管理上最大的困難是什麼？

答：一直有民眾把烏龜、牛蛙、吳郭魚、鱔魚、土虱等吃螢火蟲幼蟲的動物，放入生態池。生態池周遭遮光的本土植物也不時被偷走。即使用立牌標示這是螢火蟲復育區，民眾仍會習慣性的放入外來動物。我們的公民教育還需要持續努力。

4

問：大安森林公園螢火蟲復育區，主要人力從哪裡來？

答：這幾年有上百位居民擔任志工，協助移除放生種、擔任解說等工作，幫忙很大。螢火蟲復育區長期的經營人力，主力就是志工。

5

問：大安森林公園生態池，種了許多植物，這些植物與螢火蟲有什麼關係？

答：二〇一六至二〇一七年，螢火蟲停在這些植物上的調查結果如下：

植物種類	中文名稱	株高 (cm)	黃緣螢（隻）
水生植物	大安水蓑衣	100	69
	水毛花	100~120	14
	燈芯草	100~110	11
	三儉草	100~110	1
黃緣螢（總隻數）			95
草本植物	野薑花	150~170	53
	細葉麥門冬	25	17
	桔梗蘭	80	14
	射干	120	12
	尾葉實蕨	20	11
	過溝菜蕨	25	11
	山月桃	80	10
	高士佛澤蘭	75	6
	輪傘莎草	95	5
	文珠蘭	60	5
	姑婆芋	75	4
	過長沙	40	3
黃緣螢（總隻數）			151
木本植物	（灌木）		
	厚葉石斑木	75	6
	臺灣金絲桃	110	4
	琉球黃楊	95	2
	方莖金絲桃	70	1
	（喬木）		
	水柳 / 水社柳	370	1
黃緣螢（總隻數）			14

可見大部分螢火蟲停在大安水蓑衣與野薑花上面。這個調查結果，可以幫助日後螢火蟲生態池選擇種植哪些植物。

6

問：如果螢火蟲大都停在陸域草本植物上，那麼為什麼還要種木本植物？

答：木本植物在螢火蟲生態池的主要功效，在減低光照，減少風速與增加相對濕度。二〇一六年至二〇一七年，大安森林公園的年平均溫度是24.5℃，平均相對濕度為七五．五％，平均風速為1.12 m/sec，夜晚平均光照強度為33.9 Lux。種植木本植物後，螢火蟲復育區的年平均溫度是24.2℃，相對濕度為八三．九％，平均風速為0.14 m/sec，夜晚平均光照強度為3.9 Lux，對螢火蟲有很大的幫助。因此，栽種木本植物最主要的功效，是讓螢火蟲棲地的微氣候維持在理想狀態。

7

問：如果螢火蟲是停在陸域草本植物上，木本植物是為了增加潮濕，以及減低風速以利螢火蟲飛翔，並且減少光照以利螢火蟲發光，為什麼生態池還要種那麼多種水生植物呢？

答：生態池種植水生植物的原因：

一、可以讓螢火蟲的成蟲，自水中經由水生植物的莖部，爬出水面，飛向空中。

二、讓生態池的水下，水生植物節根、莖、葉之間，有較多孔隙，讓螢火蟲的幼蟲躲藏，以躲避天敵以及人為放生的烏龜、牛蛙等。

三、水生植物可以減少強風（如颱風）造成水面波浪，穩定生態池的土溝，不被沖落。

四、大安森林公園的土壤，過去有施肥。肥分進入濕地水中，容易滋生藻類、藍綠藻，使得夜晚微生物的呼吸作用太旺盛，導致螢火蟲的幼蟲氧氣太少，窒息死亡。

五、臺北市市區過去是沼澤區，長了許多植物。後來泥土蓋上，成為平原。這些掩埋的植物死亡、分解，使臺北市淺層地下水的有機質與氨氮過高。清代以來，臺北平地的地下水，先民不能飲用。這些水藉由毛細管作用上升到生態池，會使螢火蟲幼蟲中毒而死。生態池有許多水生植物，就可以吸收氮，幫助螢火蟲。但是這也造成生態池管理上的困擾，需要定期撈除水生植物。

8

問：大安森林公園這麼大，當初為何選擇目前的地點做生態池？

答：公園的陰暗角落往往容易滋生治安問題。螢火蟲的生態需要陰暗，因此選擇陰暗角落做為生態池，既有利於螢火蟲生態，又可以避免治安問題。

9

問：螢火蟲復育區夜間很暗，又有許多林木阻礙視線，是否會成為另一個治安死角？

答：好問題。規畫公園裡的螢火蟲生態池時，生態與治安必須兼顧，需要有新技術的突破，那就是在濕地周遭安放 590 nm 波長的紅橘色光，這個波長的光會使人看得見，螢火蟲卻看不見。安放之後，經過長期調查發現，距離紅橘色光燈柱五至十公尺的距離，是螢火蟲大量聚集的地方。公園的一般白光路燈，則是在距離十五公尺之外。證明用 590 nm 燈光，可以保護螢火蟲，又能兼顧黑暗角落的安全性。

10

問：在大安森林公園營造螢火蟲復育濕地，相關的知識與技術是怎麼來的？

答：進來復育螢火蟲之前，二〇一三年，我們先在景美山下以生態草溝復育螢火蟲。經過一連串的實驗與環境監測，發現二十公分的水深，底部是軟泥，氣溫在 22 ℃以上，相對濕度在七五％以上，風速在 0.3 m/sec 以下，照度在 5 Lux 以下，乾淨的水中，就會有大量的螢火蟲前來產卵。這些數據與知識，成為日後營造大安森林公園螢火蟲生態池的基礎。

11

問：螢火蟲的復育工作，是不是把野生動物當成家畜養？如果是這樣，是不是把野生種變為人工馴化種？

答：生態復育工程的原則是儘可能以科學知識，去了解野生動物在大自然選擇棲地的條件後再去建造。我們以工程去複製那些條件，成為螢火蟲的棲地。我們不是去馴化螢火蟲接受人類營造的地方，而是用對的方式營造，螢火蟲自然會留下。

12

問：大安森林公園復育螢火蟲生態池的地理與水文條件是什麼？是什麼原因讓老師覺得合適在大安森林公園營造？

答：復育螢火蟲生態池的水域面積是六五〇平方公尺，水深三至二十九公分，平均水深二二．六公分，水域的體積是九二．九立方公尺。生態池最高高程海拔八十二公尺，水流依重力流流向海拔七十公尺處。由於水量不夠，水採重覆迴流，水流到低處再用幫浦打到高處。整個棲地面積是二九三〇平方公尺，即二三％為水域，供螢火蟲生長；七七％為陸域，維護其適合螢火蟲生長的微環境。

先在海拔七十至八十二公尺有螢火蟲棲地的營造，蟲卵會隨臺北排水溝渠流到更低處的濕地、沼澤。

13

問：螢火蟲復育生態池由誰負責管理？

答：由臺北市政府、大安森林之友基金會，以及基金會的志工群一起管理。更重要的是臺北市許多居民與我們一起合作。

我是大安森林之友基金會的志工，也是臺大教授，帶著一群臺大學生與研究生長期監測生態池的水、土、植物、微環境，並調查螢火蟲數目與分布位置。這是臺灣在大都市公園復育螢火蟲的首例，以後的人會在這個基礎上繼續發展，期待可以愈做愈好。

14

問：在大安森林公園監測螢火蟲的成果如何？

答：我們採「穿越線」調查法，二〇一六年每個月調查四次，在沒有下雨的日子，夕陽後半個小時，由兩位調查者在螢火蟲復育生態池，沿固定路徑走一小時，記錄看到的螢火蟲，數目如下：

年	2016	2017	2018
月	隻數	隻數	隻數
1	0	0	0
2	0	0	0
3	0	6	5
4	12	110	34
5	19	110	14
6	-	33	0
7	-	14	0
8	11	3	1
9	17	0	2
10	0	5	-
11	6	0	-
12	0	0	-

註：－表示未調查

這些螢火蟲隻數，不是絕對的隻數，而是以有限的觀查方法所調查的。

15

問：颱風來襲時，大安森林公園螢火蟲濕地會不會遭受破壞？

答：二〇一六年到二〇一七年，臺北在兩年內至少遭逢五次颱風，生態池稍微整修一下便恢復功能。例如二〇一六年九月來了艾利颱風，二〇一七年七月來了尼莎颱風，二〇一八年仍有螢火蟲出現。

16

問：螢火蟲濕地若使用自來水，會有什麼影響？

答：自來水中的氯對螢火蟲極具毒害，必須避免使用自來水，主要用雨水。但是生態池一直含有氯濃度，後來才發現是現場人員用自來水灌溉公園植物，部分自來水流入生態池所造成的。下雨時，地表水流也會把一些外面草地上的農藥流入生態池。所以要有緩衝區攔截農藥，這是陸域與水域的比例，是七七：二三（約八〇：二〇）的原因。

17

問：為什麼螢火蟲生態池有打氣裝置？

答：這是為了增加水中的氧氣，維持在 4.5 mg/l 以上。水中含氧不夠，螢火蟲幼蟲會死亡。

18

問：大安森林公園的螢火蟲，每年出現的時間都一樣嗎？

答：不。二〇一六年，是在四月一日出現。二〇一七年，是在三月二十三日出現。二〇一八年，是在三月二十八日出現。每一年，黃緣螢開始發光的時間都不同，可能與過去一年的累積溫度有關。累積溫度愈高，第二年螢火蟲愈早發光。

XBLN0018

愛你喔，螢火蟲

都市公園螢火蟲復育記

作者　張文亮
繪者　蔡兆倫

社　長　馮季眉
主　編　許雅筑、鄭倖伃
編　輯　戴鈺娟、陳心方、李培如、賴韻如
美術設計　許紘維

出版　字畝文化／遠足文化事業股份有限公司
發行　遠足文化事業股份有限公司（讀書共和國出版集團）
地址　231 新北市新店區民權路 108-2 號 9 樓
電話　(02)2218-1417
傳真　(02)8667-1065
客服信箱　service@bookrep.com.tw
網路書店　www.bookrep.com.tw
團體訂購請洽業務部　(02) 2218-1417 分機 1124

法律顧問　華洋法律事務所　蘇文生律師
印　製　中原造像股份有限公司

2020 年 12 月　初版一刷　定價：320 元
2024 年 2 月　初版二刷
書號：XBLN0018
ISBN：978-986-5505-42-4

國家圖書館出版品預行編目(CIP)資料

愛你喔，螢火蟲：都市公園螢火蟲復育記 / 張文亮作；蔡兆倫繪．
-- 初版．-- 新北市：字畝文化出版：遠足文化發行，2020.12
面；　公分
ISBN 978-986-5505-42-4(平裝)

1. 螢火蟲 2. 自然保育 3. 兒童讀物

387.785　　109015005